「食」の図書館

水の歴史

WATER: A GLOBAL HISTORY

IAN MILLER
イアン・ミラー【著】
甲斐理恵子【訳】

原書房

目次

第1章　水とは何か？　7
水とは何か？　7
安全でなかった水　11
水はほんとうに「きれい」なのか　18
人間を魅了してきた水　20

第2章　水の流行り廃り　25
太古の水　25
古代ローマの水管理システム　29
汚なかった中世の水　33

第3章　水の中には何がある？　35
不純物だらけの水　35
海水を飲み水に変える　38

産業革命と公共水道　41
誰もが飲み水を自由に手にする世界　47

第4章　水と健康　53

水嫌い　53
水を否定する　56
水を飲もうと説得する時代　58
水による医療　61
温泉療法　65

第5章　安全な水　71

顕微鏡でのぞいた水は……　71
伝染病　75
新たな発明と感染症予防策　79

第6章　アルコールか　水か　85

アルコール派対水派　85
「水は健康に良い」　89
さらに高まる禁酒運動　93
水の時代へ　97

第7章　飲料水ビジネス　101

船乗りたち　102
ボトルウォーターの誕生　104
ミネラルウォーター企業　106
ビッグビジネス　112
ボトルウォーターは「きれい」で「おいしい」か？　113

第8章　水にひと工夫　117

炭酸水　117
シュウェップスの成功　121
技術革新　123
さまざまなフレーバーウォーター　128
氷産業　132
家庭で氷をつくる時代へ　135

第9章　世界の水事情　141

水が足りない　141
安全な飲み水を国民すべてに　146
世界の水の課題　152

ミネラルウォーターのブランド　157
謝辞　165
訳者あとがき　167
写真ならびに図版への謝辞　170
参考文献　171
レシピ集　176

［……］は翻訳者による注記である。

第1章 ◉ 水とは何か？

水はあらゆる場所に存在する。物質が存在するところ、あまねく水もあるようだ。水を生じない自然界には、どのような生物も存在できない。炎でさえ、水がなければ存在しないと断言できる。手のひらに載せたひと粒の塩は、一瞬で溶けて消えるだろう。なにしろ塩は自らの重さの半分の水分を吸収し、乾燥しきった空気の中でも溶けるのだから。

——ドクター・チャールズ・ハットン『数学・哲学事典 *Mathematical and Philosophical Dictionary*』（1796年）

◉水とは何か？

水は地上にあまねく存在する。地表の約70パーセントは水で覆われ、あらゆる生き物は水なしには生きられない。人間の体の大部分、約70パーセントは水でできている。水は食べ物の消化や吸収を助け、血行をよくし、毒素を取り除き、体温を一定に保つ。酸素を細胞に運び、関節や内臓を守るのにも水の助けが必要だ。

このように水は人間の健康を保つためには欠かせない重要なものであり、地上のあらゆるところに存在するのだから、飲み水は簡単に手に入ると楽観視されがちかもしれない。しかし実際は、飲み水の確保は苦難の連続だった。

いつの時代も人々は水に代わる飲み物を考え出してきた。しかしどれも完全な水の代わりにはならなかった。たとえば紅茶やコーヒー、アルコール飲料は、19世紀の衛生関係者には「人工的な飲み物」と侮辱されたものの、現在は人気が定着している。だがこうした飲み物ばかりでは健康に影響が出る。人工のアルコール飲料やいわゆるソフトドリンクの多くには、利尿作用があるためだ。

水が健康維持に欠かせないことは今では誰でも知っているが、おいしく魅力的な飲み物でもあることは昔はあまり浸透していなかったようだ。水には特別に魅力的な香りはなく、見た目も無色透明で、「わくわくする飲み物である」とは言えない。これに気づいたフランスの作家にして操縦士アントワーヌ・ド・サン＝テグジュペリは、１９３９年にこう記している。

「水は唯一必須の飲み物」と謳い、バランスのよい食事を勧めるフランス厚生省のポスター。マルティニーク島。

水よ、おまえには味も色もなければ香りもない。定義することもできない。わたしたちは正体も知らず、ただ味わうだけだ。おまえは命に必要なのではない。おまえが命そのものなのだ。水はわたしたちを五感を超えたよろこびで満たしてくれる。

水とは、酸素と水素の原子が結合した、なんの風味もない化合物だ。温度が下がると氷になり、上がると蒸気になる。このように客観的に分析すると、水はおいしい飲み物というイメージは湧いてこない。カフェイン入りの飲み物とは違い、水を飲んでも気分が高揚することはないし、アルコールのように酩酊《めいてい》することもない。人はもっぱら喉の渇きや健康問題から水を飲んできた。

しかし水は、奇妙な原子の化合物以上の何かであり、つねに人の体や心を満たしてきたのも事実である。先に引用したサン＝テグジュペリのように、20紀のイギリスの作家D・H・ローレンスもこれに言及している。「水とは、H_2Oと表されるとおり、水素原子2個と酸素原子1個の化合物だが、3番目の〝何か〟も関わっている。それも水の一部だが、その正体は誰も知らない」

水はなんの特徴もないように見えて、じつは人間にとって重要かつ謎めいた役割を果たしていることを、ローレンスは敏感に察知していたのだろう。味も香りもないという、明らかに他の飲み物とは異なる特徴が、好奇心を逆に掻き立てるのかもしれない。

◉安全でなかった水

17世紀あたりから、衛生関係者は水を飲む習慣の重要性を一般市民に広めようと骨折ってきた。人の体重の半分は水なので、それを毎日補わなければならないと信じていたためだ。充分な量の水を飲まなければ、細胞が慢性的な脱水状態に陥って免疫システムが弱まり、体のさまざまなバランスが崩れる恐れがあるという警告は、現在もしばしば耳にする。現代社会には、健康を保つために1日に飲むべき正確な水の量やそれを守らなかった場合に予想される病気の情報があふれかえっている。

しかし、栓をひねっても蛇口から水が流れ出てこない家や、地元のスーパーマーケットでボトルウォーターが買えない町を想像してみてほしい。とても現実の世界とは思えないかもしれない。それでもわずか150年ほど前までは、あらゆる人にとってそれが当たり前であり、もっとも工業化の進んだ近代的な国でさえ例外ではなかったのだ。

また、たとえ飲み水が確保できても、当時はさらなる問題が待ちかまえていた。一見きれいそうな水も、安全だとは言いきれなかった。今でこそ、水道水に殺虫剤や化学肥料が混入

「喉が渇いたら水を飲もう」と勧めるノルウェーのポスター

したら、みな不快感や不安を口にするだろう。しかし先人たちの関心は別のところにあった。飲み水として手に入れた水に命を脅かすコレラや腸チフスの病原菌がひそんでいないか、生きている動物が入っていないか、未処理の下水が混じっていないかを心配したのだ。

19世紀、世界には病原菌は存在しなかった。といっても、科学者がまだ発見していなかったという意味である。19世紀後半、科学者が公共の水道水に病原菌が含まれている可能性を明らかにした。しかし、特定の細菌を偶然口にするとコレラなどの病気を発症するという主張は物議をかもし、すぐに受け入れられたわけではなかった。

対照的に現代社会では、飲料水に適しているか否かは、汚染物質や病原菌が混入していない清潔さを基準に考える。しかし、水にやっかいな微生物や細菌が含まれていることが正確に解明されたのは、たった100年ほど前のことなのである。大量の飲み水が確保できるようになったのはごく最近でしかなく、それもさまざまな技術革新が進んでからだ。19世紀、無気味な微生物が発見されると、政府や科学者、産業界が率先して安全な飲み水を広く供給するために手を尽くした。

その成果が見られるのは、ほとんどが西欧社会だ。たとえばバングラデシュでは、都市部も農村部もいまだに深刻な水不足に悩まされている。いや、そもそも安全な飲み水を確保することと自体がいまも大きな課題である。

エジプト、カイロを流れるナイル川の衛星写真

バングラデシュでは、下痢を伴う病気で毎年10万人以上の子供が亡くなっている。1993年、科学者は1970年代にバングラデシュの広い範囲でつくられた井戸の水が長期にわたって高濃度のヒ素に汚染されていたことを突きとめた。長期間に少量ずつ体内に取り込まれたヒ素は、皮膚疾患や内臓癌の原因になる。

一方エチオピアの農村部では、はるか昔から水汲みは女性と子供の仕事だ。野生動物も水を飲みに来る水たまりまで往復6時間も歩くこともある。エチオピアでは旱魃《かんばつ》が頻発するので、それも原因で水が関わる病気の死亡率が非常に高い。ハイチでも、いまだに人口の半分近くが衛生的な飲み水を確保できていない。

インドでは、水源の大半が下水や農業廃水に汚染されているため、伝染病の約21パーセントは危険な飲み水が原因と言える。「ウォーター・オーアールジー Water.org」をはじめとする西側の非政府機関（NGO）は、こうした状況を改善しようと世界各地で手を打ってきた。ここでは過去数世紀にわたって医師や科学者が蓄積してきた水に関する厖大な知識が役立てられている。

飲料水は沸騰させようと呼びかけるポスター。ケニア、アップジョン。健康教育課。

下痢の治療に、砂糖と塩を溶かした湯ざましを勧めるポスター。1987年、ニューカレドニア、南太平洋委員会。

◉水はほんとうに「きれい」なのか

しかし、西側諸国で毎日飲まれている水は「きれい」だと思われているが、ほんとうにそうなのだろうか？　実際のところ、わたしたちが飲む「飲料水」には何が入っているのだろう？

産業革命以降、西欧の科学者は自ら先頭に立って水の安全性や清潔さを確保する対策を取ってきた。危険な物質や不快な微生物をうっかり飲んでしまわないように、飲料水にさまざまな化学物質や固形物、細菌等を添加して、水を浄化しようとした。

今日、水道水には衛生面や安全性に関する厳しい基準が設けられている。その一方で、水道水は家庭用に引いてきた自然の水だと考える人も多い。しかし皮肉なことに「きれいな」飲み水に強くこだわる現代の風潮が、飲用に適した水質にするために水道水に大量の添加物が入れられているという状況を見えにくくしている。いろいろな意味で、水道水もボトル入りの水も「自然の」水とはまったく異なる物質なのだ。

この皮肉は、20世紀初頭の化学物質反対運動家の耳には届かなかったようだ。１９５５年、アメリカの反文明的な健康運動家レイモンド・W・バーナードが放った言葉は挑戦的だ。

飲料水の自動販売機の列。タイ、パタヤ。

台所で水道の栓をひねり、いかにも無垢で透明な液体が出てくるのを見ながら、この水はじつはヒツジの皮をかぶったオオカミかもしれないと考えたことがあるだろうか？　ほんとうは化学物質を薄めた液体なのだと考えたことがあるだろうか？　すぐに病気になったり命を落としたりはしないだろう。しかし化学物質が長年体内に蓄積されれば、結局は病気になるのではないか？

さらにバーナードは不吉にもこう断言する。

水は人間の最良の友だったが、いまや最悪の敵である。「きれいに」するために添加された化学物質だらけであり、水道管から溶け出た金属まで混じっている。この水をポットに入れて沸騰させると、そこに含まれる化学物質と金属の濃度が上がる。そのため沸騰させた水道水は、そのままの水道水よりも有毒になるのだ。

●人間を魅了してきた水

水の中の目に見えない何かは、つねに恐れられてきた。近年懸念されているのは、水に含まれる病原菌や浄水用の化学剤が体に与える影響だ。しかしおもしろいことに、水はつねに不安視されると同時に礼賛され、崇められてもきた。

紀元前5世紀のギリシアの哲学者ピンダロスは「水に勝るものなし。黄金はそのつぎである」と述べている。18世紀のスコットランドの医師ジョージ・チェインは「間違いなく、水は最古にして最初の飲み物だ。自然が定めた目的にふさわしい唯一の液体だ。人工的なアルコール飲料が発明されていなかったら、人類はさぞ幸福だっただろう」との言葉を残した。

人は水に取り憑かれている。水はつねに人々を魅了してきた。今日、わたしたちは水道水の安全性についてきわめて神経質である。バーナードと同じように、きれいなのは無色透明な見かけだけではないか、飲めば健康が損なわれる危険な何かが隠れているのではないかと心配する。

水は健康に良く、自然で、人間の体にはなくてはならないものだが、有害物質に汚染され、不純物を含んでいる可能性もある。過去を振り返ると、水を飲むという行為が複雑な問題に陥りがちだった歴史もある。水は大切なものだとされてきたと同時に、危険もひそむと言われてきた。

では、良い飲み水とはどんな水なのだろう? 1871年、ニューヨーク米国協会で水にまつわる講演を行なったアメリカの化学者チャールズ・フレデリック・チャンドラーは、このように考えた。

良い飲み水の特徴をあげてみよう。温度は、気温よりも最低でも5℃低く、ただし7℃より冷たくないこと。味は無味であること。酸素や炭酸のかすかな酸味が感じられるかもしれないが、それは長所と考えてよい。ただし、味は当てにならない。特定の水に慣れると、それに比べて純水は味気なく感じられるものだし、1ガロン（約4・5リットル）に50粒の塩化ナトリウムを入れても味覚にはほとんど影響しない。3番目の条件は、無臭であることだ。ボトルに水を半分入れ、暖かい場所に数時間放置してからよく振ったときに臭うようではいけない。そして、透明であることも大切だ。透明でなければ必ずしも有害というわけではないが、不純物はなるべく少ないほうが望ましい。湿地帯の泥や貯水池の植物が混ざっていることもあるが、健康に悪いとは限らない。

どうやらチャンドラーは、味やにおいといった特徴を良い水の条件として重視しつつ、水には目に見えない謎めいたものが含まれていると見抜いていたようだ。彼は、たとえ衛生的に見えても、水には危険な物質が隠されていると考えた。口にしても命にかかわったり病気になったりはしないが、体にいいとは思えない自然の物質だ。しかも人が好むようになった水のタイプは、純水ばかりではなかった。飲料水の歴史を調べるためには、時代によって変化する複雑なメッセージを調べる必要がありそうだ。

第2章◉水の流行り廃り

◉太古の水

古代文明は水源の周辺で発達した。人間の存在にとって水が欠かせないことを太古の人々は本能的に知っていたのだろう。一方で、すべての水が飲めるわけではないことにも気づいていた。定住地を探す際は、清潔で体に良い新鮮な水が手に入る土地を選んだ。

その証拠が、エジプトのフランス総領事ブノワ・ド・マイエが18世紀に記したエッセイに残されている。マイエは、古代エジプト文明誕生の地であるナイル川の水を飲んで非常に感銘を受け、帰国際に「ナイル川の水のたぐいまれなるおいしさについて」というタイトルの短くも情熱的なエッセイをしたためた。

ナイル川で汲んだ水を壺で運ぶ女性（1900〜1920年頃）

初めてナイルの水を飲んだ人は、まるで芸術品のようだと思うだろう。えもいわれぬほど口当たりが良く、心地のいい味なのだ。この水には、シャンパーニュ地方のワインと同じランクを与えるべきである。

太古の社会は、ナイル川をはじめとする水源の周囲で誕生した。給水源が期待したほど近くにない場合は、水を移動させた例もある。

たとえばインカ帝国では、遠方の泉から遺跡で有名なマチュピチュまで水を運ぶ技術を開発した。マチュピチュは、標高2130メートルという驚くほどの高地にある。そこまで水を運ぶために、傾斜する水路や水汲み場、段々畑を複雑に組み合わせ、広範囲に水を行き渡らせた。

きれいな水を確保するために、さまざまな技術や社会習慣を発達させた文明もある。古代エジプト人が墓所に彫った絵からは、水から不純物を取り除く高い技術力が見て取れる。紀元前200年、古代メソポタミア人は公衆衛生に関する法律をつくった。それにより、水の汚染源となりうる墓地やなめし革工場、食肉処理場は、ため池や井戸から遠く離された。

イラン、ヤズド州のヤクチャルと呼ばれる太古の蒸発冷却器

しかし今日もなお驚嘆させられるのは、非常に複雑で入り組んだ水管理システムを持っていた古代ローマだ。

◉古代ローマの水管理システム

歴代のローマ皇帝は清潔な水の重要性を認識していた。そのため、帝国の主要都市に飲み水を供給する壮大な水道橋システムを奴隷を使って建築したのは有名な話だ。ローマの町には9本の水道橋で水を運び、都市周辺に貯水池や水路、飲料用の公共噴水をつくって効率的に貯水と給水を行なった。イギリスではビクトリア朝後期に近代的な給水システムの基礎が築かれたが、ローマの偉業を繰り返し参考にし、なんとかそれをしのごうと奮闘したというエピソードは驚くにはあたらない。

産業革命全盛期の1870年、大衆小説と政治を扱うイギリスのロンドン・クオータリー・レビュー誌で、ある作家が19世紀の給水技術とローマ人の技術を比較している。

現在見られるもっとも重要な進歩のひとつが、飲料水の供給と公衆浴場の建設だ。わたしたちはいまや古代ローマと同じ技術を持とうとしている。ローマの町、いや、実際はローマ帝国全土に充分な水が供給されていた（莫大な費用をかけて遠方から運ばれるこ

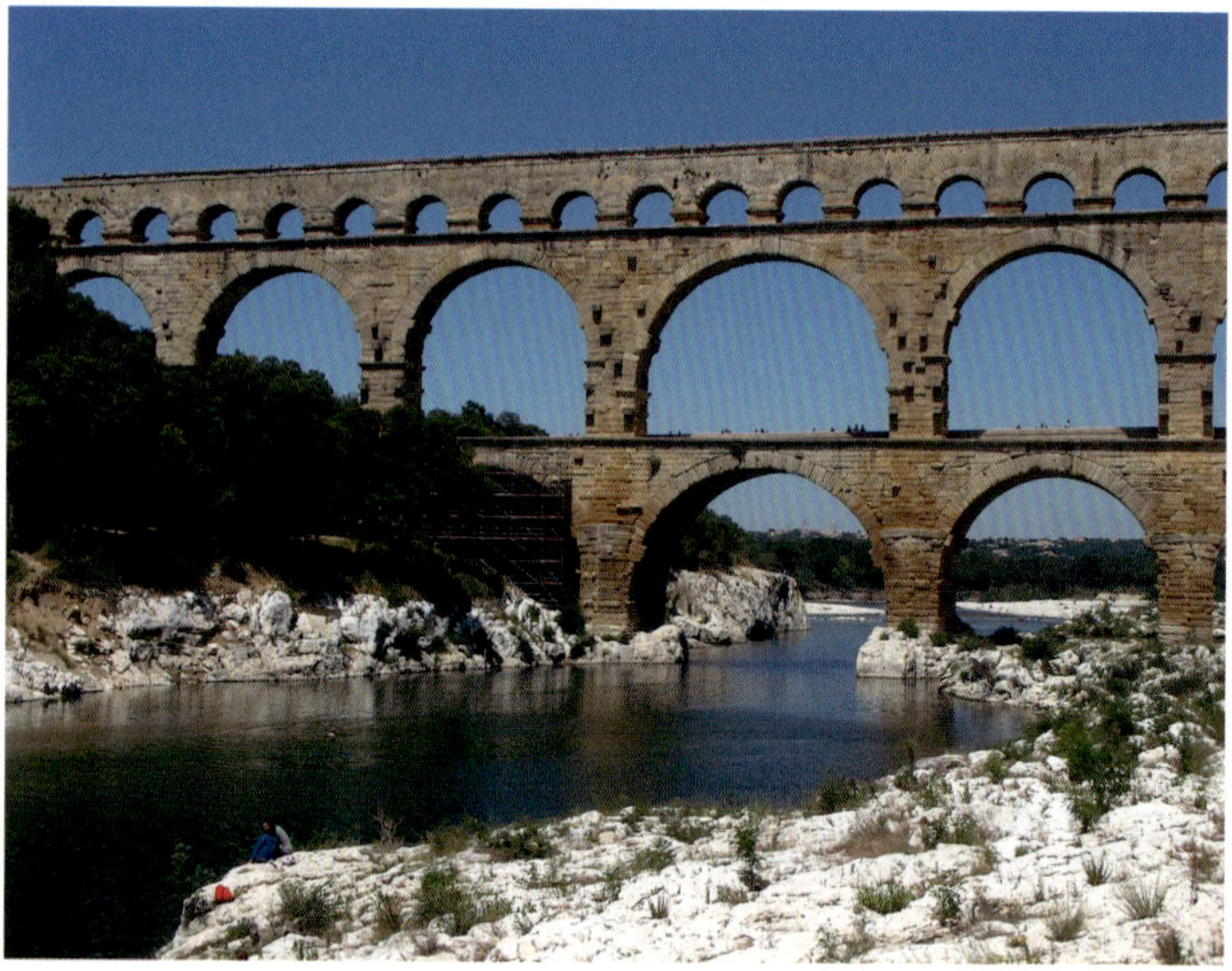

古代ローマのポン・デュ・ガール。西暦40〜60年に建造されたフランス南部ガール県の水道橋。

ともしばしばだった）。ローマや地方都市の公衆浴場はもちろん、個人の別荘の浴場でさえ、その遺跡の規模は現在のそれらをはるかにしのいでいる。

こうした給水技術の発展にもかかわらず、ローマ帝国で広く人気を集めた飲み物は水ではなくアルコール飲料だった。じつはアルコール飲料と水は、数世紀にわたり切っても切れない関係だったのだが、これについてはのちの章で触れよう。もちろんワイン等が太古の社会で人気を集めたのは、酔いをもたらすアルコールが含まれていたことが理由のひとつだ。

しかしローマでは、飲料水も買うものだったのである。町には公共の水盤［水を張った底の浅い鉢のような容器］が数多く設置され、住人は自由に使うことができたが、個人の住居に直接水を引いた者には水税が課された。当時は家庭に飲料水を引くことはぜいたくとみなされたためである。そうした考えは比較的近年まで続いた。

どうやら太古の時代に発展した巨大帝国の日々の暮らしで、水は中心的役割を担っていたらしい。飲み水の確保は領土を拡大するうえでも重要だったが、水源を帝国の支配下に置くという物理的理由はもちろんのこと、水が社会的な役割を担っていたことも大きな理由のひとつだった。

こうした事情は現代にも当てはまる。非常に特異な超大国だった旧ソヴィエト連邦のミハイル・ゴルバチョフ元大統領は、20世紀の終わりを目前にしてこう述べた。

水には、宗教やイデオロギーと同じように、無数の人々を動かす力がある。文明が誕生した瞬間から、人々は水の近くで暮らそうと移動してきた。人は水が少なすぎると移動し、多すぎても移動する。人は水を追って旅をする。水のことを書き、水について歌い、水を踊りにする。水をめぐって争う。そしてあらゆる場所のあらゆる人が、毎日水を必要としているのである。

これを踏まえると、ローマ帝国が衰退しても、水を飲む習慣が廃れることはなかったはずだ。しかし帝国の敵は、鍵となる社会設備を攻撃すればローマがあっという間に弱体化することを知っていた。ローマを襲撃したゴート族は、巨大な水道橋システムを破壊した。そしてローマ人は、汚染された井戸の水や、下水も流されていたテベレ川の水を引くまでに落ちぶれたのである。

◉汚なかった中世の水

清潔な水を運ぶローマの技術は忘れ去られたまま、数世紀が過ぎる。ローマ帝国が崩壊したときには、驚くべき水道橋システムを維持しようとする者も、維持の仕方を知っている者もほとんどいなかった。そのため、伝統的だが信頼性の低い給水方法に戻るしかなく、中世の時代は飲み水用の水源で汚物処理が行なわれるのもめずらしいことではなくなった。水が飲み物として高く評価されなかったのも当然だろう。

それでも時々希望の持てる配水設備計画が持ち上がった。1236年、ヘンリー3世は、ロンドンの町の地下にニレ材と鉛の給水用パイプを敷設する許可を出し、富裕層の家には直接水が引かれることになる。ただしロンドン市民の大半はこの恩恵を受けられなかったので、相変わらずテムズ川の不衛生な水を使い続けた。そんな水にさえ使用料を請求しようとする商人や水配給会社も現れた。

500年経過しても、この不幸な状況は改善されなかった。18世紀のドイツ人旅行作家ヨハン・ゲオルク・ケスラーは、パリを去るときにはすっかりうんざりしていたらしい。

町には、サマリテーヌとノートルダム橋のふたつの給水塔からポンプで汲みあげた水が大量に供給されている。しかし川から汲みあげただけの水なので、町の中心地に来る頃にはすっかり汚れ、悪臭を放つまでになる。一方、郊外では――面倒なことに――水を「水運び人」からわざわざ買わなければならない。

水は不潔で病気や死の原因になると考える人もいた。ビールの一種であるエール、醱酵酒ミード、そしてワインの人気がかなり高まったのはこれが理由だろう。どれもアルコール飲料なので、酔いをもたらすだけではなく、製造工程で加工処理もされている。さらに、アルコールには殺菌作用があるので、安全に飲むことができる。かたや水は汚染されていることも多く、不衛生で、非常に危険な飲み物だった。

清潔な水を飲むことは権利であると市民が意識するのは、まだ先のようだ。いまでこそ健康を維持するためには水が必要だという考えが定着しているが、中世の人々は水の必要性をまだまだ納得していなかったのかもしれない。水を飲むことがすっかり廃れたわけではなかったが、慎重になる人が多かったのは間違いない。自由に選べるなら、誰でも安心な飲み物を選ぶ。

次章からは、水にまつわる苦難の歴史を紐解いていこう。水を衛生的で安全な飲み物に生まれかわらせ、健康のためには水が必要だと広く知らしめるための、人々の努力の歴史である。

第3章◉水の中には何がある？

◉不純物だらけの水

水は、安心して飲めるおいしい液体に生まれかわることができるのだろうか？　近世の科学者や哲学者はこの問題にじっくり取り組んだ。当時、雨水を集めて飲み水にすることは問題外だったようだ。イギリスの医師トーマス・パーシバルは、１７６９年の『水に関する実験と考察 *Experiments and Observations on Water*』でこう警告した。

清潔な容器に集めた雨水は、においもなく透明で、衛生的に思える。しかし雨は、動物や植物、鉱物が発散した蒸気が無秩序に混じりあう大気の中を落ちてくる。その途中でそういった浮遊物が雨水に染みこんでしまうのだ。

雪解け水は雨水よりも若干衛生的と考えられたが、科学者は亜硝酸が微量に含まれる場合があると警告した。湧き水も清潔に見えて、じつは動物や植物由来の粘液がまぎれこんでいることがあることも知られていた。

科学者の見立てでは、海水は飲み水にはまったく適していなかった。塩分濃度が高いので、海水を飲んでも喉の渇きが増すだけというのがその理由だが、近代の科学者の中にはそれ以外の問題を的確に指摘する者もいた。1770年代、スウェーデンの化学者トルビョルン・ベリマンは、海水で唯一口当たりがいいのは110メートル（60ファゾム）以上の深さにある水だけだと主張した。それより浅いと、腐敗した生物の死骸が浮上しており、水が汚染されているというのである。

歴史的に見ると、水はさまざまな物質が溶けこんだ液体と理解されていたようだ。飲料用に適しているか否かは、一般的に見た目や味ではなく、どこかで混入した可能性のある不純物によって判断された。

水生生物もその一例だ。その後数世紀の間、かつて生き物が泳いでいた液体を飲むなどとんでもないと考える人は絶えなかった。海洋生物学者エリオット・A・ノースはこう述べ

16世紀のイタリアの医師ピエトロ・アンドレア・マッティオリ著『セネンシス・メディチ』の水蒸留機

ている。「わたしたちが飲む水の中を、魚や植物、細菌、土中のミミズや毛虫、そして人間を含む多くの生物が一度通過しているのだ」

いまだに飲料水に対する懐疑的な見方が残っていたのは、まさにこれが理由だ。アメリカのコメディアンにして作家のW・C・フィールズは、こう言い放ったことがある。「わたしは水は絶対に飲まない。なぜなら魚が排泄する気味の悪いものが入っているからだ」

◉海水を飲み水に変える

この問題を解決するために浄水技術が開発されたのは、近世以降のことである。当時は、知識の蓄積のおかげで、科学技術が大幅に修正され発達した時代だった。その中で科学者は水質改善という重要な研究を引き受ける。昔から、明らかに人間にとって危険な飲み水が存在した。この状況に不満を持った科学者が、水を手際よく濾過して不純物を取り除き、味の良い安全な飲み物に変えようと決意した。

イギリスの哲学者にして科学者のフランシス・ベーコンは、濾過すれば海水は飲めるようになると信じていた。17世紀初頭、ベーコンは塩水の脱塩方法の開発に取りかかる。海水から塩を取り除いて飲み水にするというアイデアは、桁外れに大胆だった。実現して

スイス、ブレ湖の浄水システム

いれば、今後永遠に、人類は飲み水に困ることはなかっただろう。理論上は可能だったが、実際に手順を確立するのは容易ではなかった。ベーコンはこう記している。

実験では、土を入れた10個の容器を重ね、塩水を通過させた。それでも塩分は抜けず、飲めるようにはならなかったが、20個の容器を通過させると、口当たりが良くなった。

技術的にはかなり苦労したものの、ベーコンはその後の水濾過技術の基礎を築いた。もっとも注目すべきは、イタリア人医師ルーカス・アントニウス・ポルティウスの実験だろう。ポルティウスは、ベーコンのアイデアを基に、砂を入れたサンドフィルターを3組利用してさらに進んだ技術を開発した。

18世紀初頭には、パリの科学者フィリップ・ド・ラ・イールが、パリのすべての家庭にサンドフィルターと雨水貯水槽を設置する計画をフランス科学アカデミーに提案する。こうした革新的なアイデアは人々の考え方を大きく変えた。すべての市民が安全な飲み水を手に入れることがきわめて重要な課題となったのである。

しかし、海水を大量の飲み水に変えるというアイデアは、財政面や技術面の限界のためになかなか実現されなかった。その後も科学者は海水を真水へ転換する濾過技術に興味を持ち続けたが、成果は芳しくなかった。

そんな折り、19世紀末に発明家アレクサンダー・グラハム・ベルが、海で遭難した漂流者の生存率を高める方法を確立しようとする。ベルが思いついたのは、大気中の水蒸気は凝結すると水になるという法則に基づく簡単な方法で、コップを海水面に浮かべるだけでよかった。海水の温度が露点《ろてん》［空気を冷やしたときに、空気中の水蒸気が水に変化する温度］よりも低ければ、コップの中に水分が結露するはずだ。「たとえ一滴の水であっても、渇きを覚える人間にとっては甘露《かんろ》である」とベルは説明している。

海水を真水に変える試みは、第二次世界大戦中にふたたび盛りあがりを見せた。アメリカ政府が、敵機に撃墜された場合に備え、パイロットの脱出キット用の小さな水パックの開発を浄水技術のトップ企業、パームチット社に持ちかけた。パームチットが開発したのは、底に布製のフィルターがとりつけられ、そこからストローが伸びるプラスチック製の小袋だった。これに海水と練炭を入れて素早く振ると塩分が取り除かれる仕組みだ。

◉産業革命と公共水道

科学者や発明家が注目した水の不純物は塩分だけではない。産業革命時、イングランド全

ご用心／水道水以外は飲まないように
アメリカ合衆国旧陸軍省のポスター（1944年）

土に工業製品や染料、燃料、綿の製造工場が無数に建てられ、すぐに他の西欧諸国も続いた。この時代の産業技術の発展は水力や蒸気に頼っていたため、工場用地は水源に近い土地が選ばれた。問題は、以前はきれいだった水源へ毎日産業廃棄物が排出されていたことだ。

工場付近の水系は一様に汚染され、ごみがたまって流れが滞った。工場を中心に生まれた町は急速に人口が増え、周辺の川や湖にはし尿も大量に垂れ流された。さらに、地方の人口が劇的に増えたので、給水設備の開発が急務となった。

安全な水を供給する公共水道事業の重要性に気づいたのは、スコットランドの技術者ロバート・トムである。トムはスコットランド郊外のペイズリーの町に初めての水濾過装置を設置した。１８０４年に完成したこの斬新な設備のおかげで、濾過された衛生的な水を町全域に供給することが可能になった。とはいえ、荷馬車で水を運んでいたことを考えると、さほど洗練された仕組みではなかったようだ。

その後、トムは国の都市計画で公共水道の技術指導を求められるようになり、その影響はすぐに世界に広まった。アメリカでは、トムのサンドフィルター技術が普及したおかげで、飲み水のにおいや味が改善された。水に対する社会の意識は、産業革命時代に著しく高まった。国の態度も変化し、公共水道事業の普及と管理に本腰を入れ始める。

イギリスで公共水道に関する王立委員会が設立されたのは１８２８年のことだ。公共水道に求められる水質基準について、ここで初めて議論の場が設けられた。この歴史的にも重要な委員会では、懐疑的な質問が相次いだ。

良質な水を飲むことは市民の「権利」なのか？

誰が水道設備を管理するのか？

安全な水を正確に定義し検査するにはどうすればいいのか？

こうした質問や疑問はとっくに回答済みだとわれわれ現代人は考える。もし近隣の川や一般家庭の水道水に有害な物質が混入したら、自治体か水道会社が担当者を派遣して対処してくれると誰もが予想するだろう。しかしこのような温情に満ちた管理は、比較的新しい仕組みなのである。

産業革命時代に検討された、国が支援する最新の給水システムとは、以前の場当たり的な計画の改善を目的とするものだった。

ニューヨークの例を見てみよう。１６６７年、町の発展に伴い水の確保が急務になったため、町全域に公共の井戸を掘るとの決定が下される。費用は住民の自己負担で、住民自ら井戸を掘れとの告知だった。当然ながら市民は猛反発し、結局井戸はたった1本しか掘られなかった。追加の井戸ができたのは、公的資金や国の助成金が使えるようになってからだ。井戸掘りを拒否した者は財産を没収するという警告もひとつの発奮材料になったのは間違い

ニューヨークの給水事情（1881年５月28日）

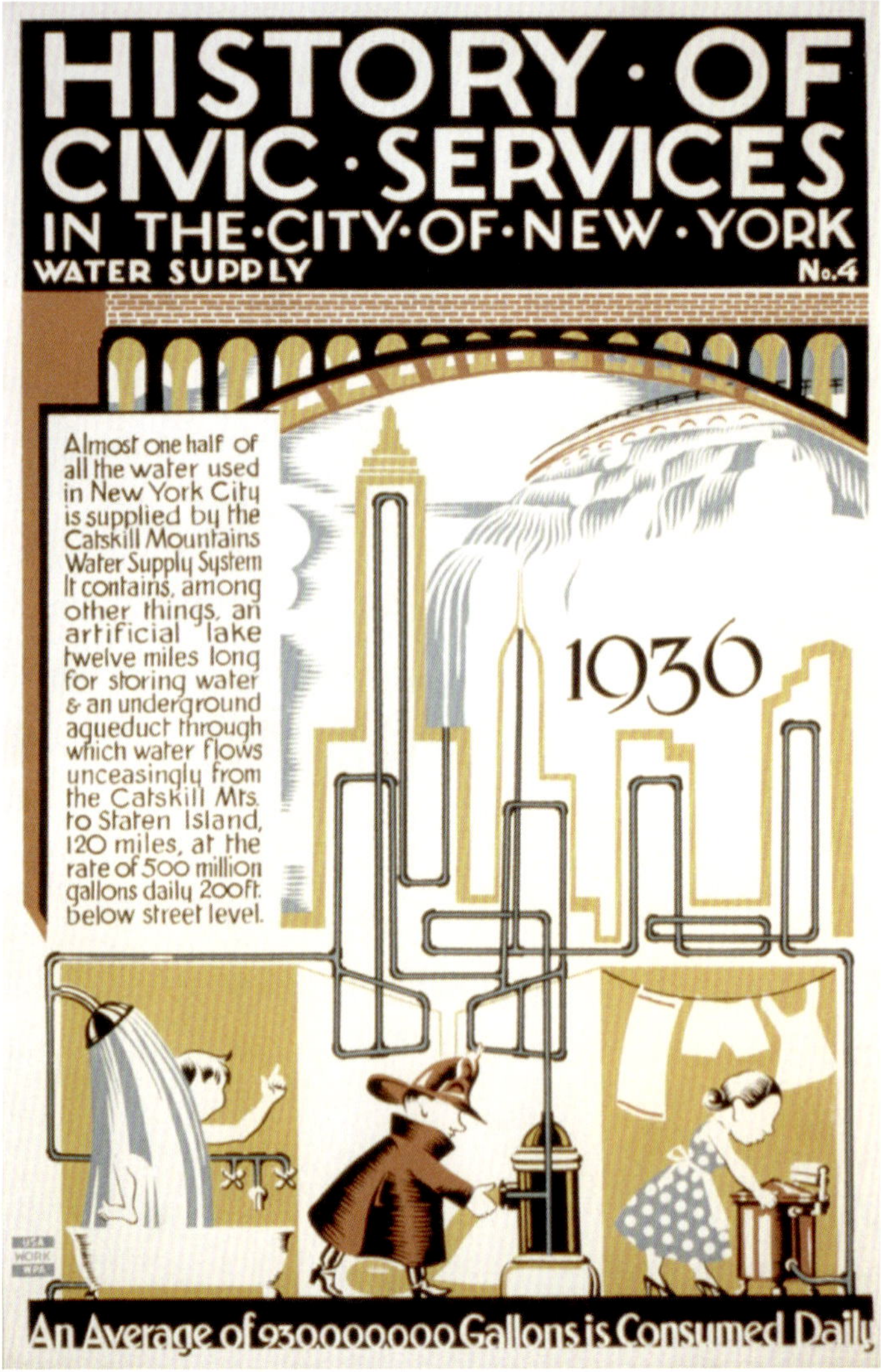

連邦美術計画用に制作されたニューヨークの給水のポスター（1936年）

ない。

井戸は掘ったあとも管理が必要だ。しかし19世紀に工業地帯が拡大すると、ハドソン川河岸のなめし革工場や食肉工場によって井戸水が汚染された。ニューヨークの住民にはなすべがなかったため、飲み水を「ティー・ウォーター・マン」に頼る住民が徐々に増えた。ティー・ウォーター・マンとは、飲み水をバケツや樽に入れて荷馬車で売り歩く人々だ。この数世紀後に流行するボトル入り飲料水の先駆けと言ってもいいだろう。

●誰もが飲み水を自由に手にする世界

対照的に、イギリスの王立委員会のメンバーが思い描いたのは、組織的かつ効率的に管理された給水システムだ。いまや公共水道の実現は可能であり、一日も早く導入すべきと考えられていた。

水道が普及すれば、社会や文化、経済にも大きく影響する。かなり遠方の井戸まで歩いて水を汲みに行ったり、きれいな水を手に入れるために商人から高額で購入したりといった一時しのぎの方法に取って代わる計画だった。

当時、新鮮な飲み水が確保できたのは、都市郊外に限られていたようだ。進化論で有名なチャールズ・ダーウィンの息子、フランシス・ダーウィンは、著書『田舎の音 *Rustic Sounds*』で19世紀後半の幼少期についてこう語っている。

ダウンハウス（ダーウィンの家）特有の音がひとつあった。井戸から水を汲みあげる音だ。あの砂ぼこり舞う乾いた土地で、わたしたち家族の飲み水は深い井戸からバケツで汲みあげる冷たく澄んだ水だった。バケツは、大きなはずみ車の回転軸に巻きつけられたワイヤロープで上がってくる。その回転するはずみ車の単調な音が、わたしたち家族にはなじみ深い音になった。

井戸小屋は月桂樹の木々に囲まれ薄暗かったが、怖いもの見たさで惹きつけられた。井戸に小石を投げこんで水に落ちる音を待つあいだが、まるで永遠のように長く感じられたのを覚えている。井戸の深さは111メートルで、セントポール大聖堂のドームの高さと同じだとわたしたちは信じていたが、どちらも確かめたことはない。井戸は蝶《ちよう》番《つがい》つきの2枚の板で蓋がされていた。下から上がってきたバケツが井戸の蓋にぶつかる音がわたしはとりわけ好きだった。バケツは荒々しく大いばりでばたんと板をはね上げるのだが、はるか下の水面から危険な長旅をしてきたバケツなのだから、それも大目に見てもらえた。

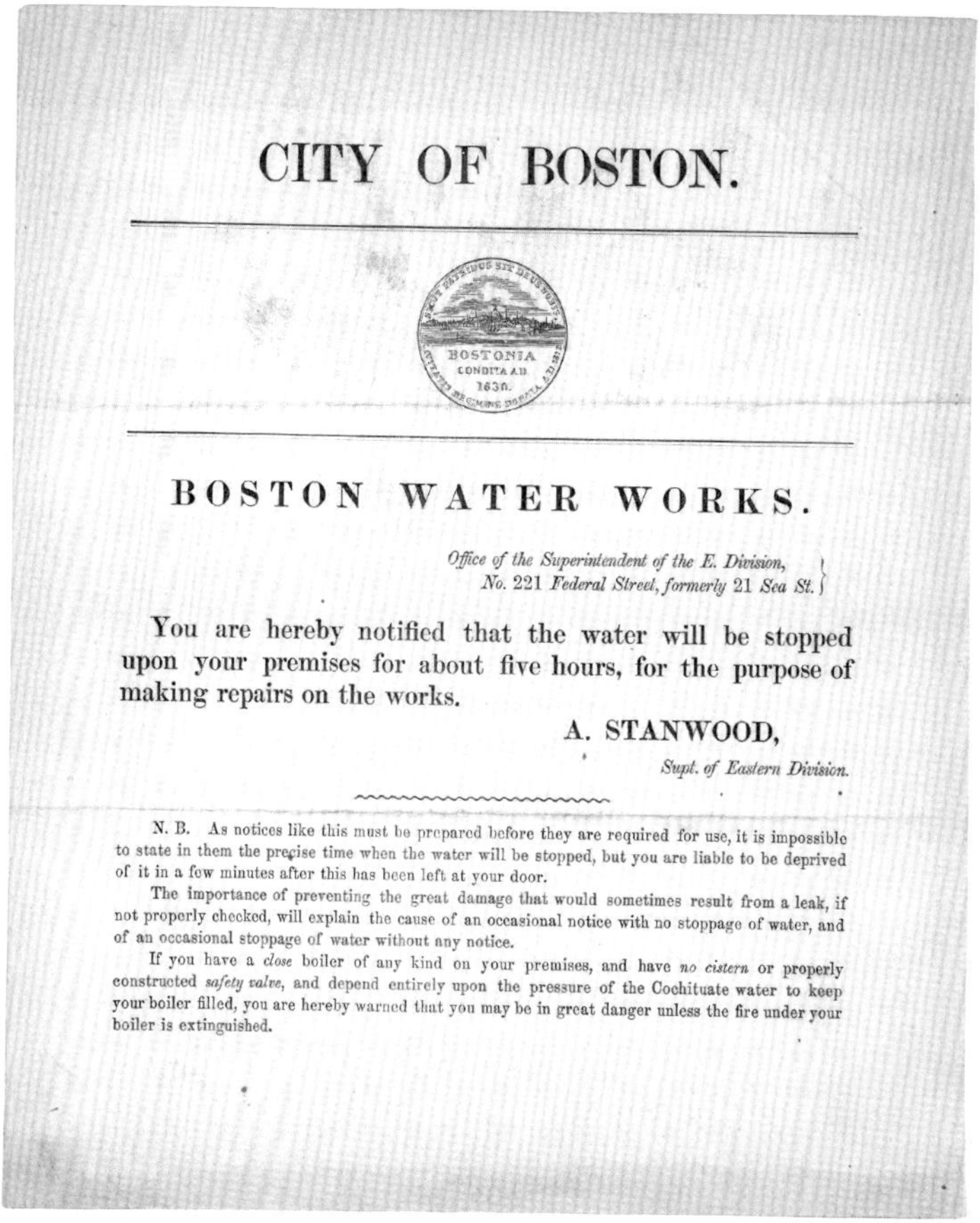

CITY OF BOSTON.

BOSTONIA CONDITA AD 1630.

BOSTON WATER WORKS.

Office of the Superintendent of the E. Division,
No. 221 *Federal Street, formerly* 21 *Sea St.*

You are hereby notified that the water will be stopped upon your premises for about five hours, for the purpose of making repairs on the works.

A. STANWOOD,
Supt. of Eastern Division.

N. B. As notices like this must be prepared before they are required for use, it is impossible to state in them the precise time when the water will be stopped, but you are liable to be deprived of it in a few minutes after this has been left at your door.

The importance of preventing the great damage that would sometimes result from a leak, if not properly checked, will explain the cause of an occasional notice with no stoppage of water, and of an occasional stoppage of water without any notice.

If you have a *close* boiler of any kind on your premises, and have *no cistern* or properly constructed *safety valve*, and depend entirely upon the pressure of the Cochituate water to keep your boiler filled, you are hereby warned that you may be in great danger unless the fire under your boiler is extinguished.

ボストン水道局の給水停止通知書（1863年）

水にさまざまなものが混じっていることは昔からよく知られていた。どんな水でも飲み水に変える技術を確立しようと多くの研究家が腐心したのもうなずける。近世や19世紀の専門家は、塩分や不純物を取り除いた安全な水の供給方法を開発しようと没頭した。

彼らが思い描いたのは、科学技術の手を借りて誰もが飲み水を自由に手にする、楽園のような未来の世界だった。新たな給水技術が開発されると、市民には適切に管理された水を受け取る権利があるという認識も生まれた。

この認識は現在も残っている。実際、西欧社会では市民が飲み水を確保することは当然の権利と考えられがちだ。しかし、浄水技術の危険性を指摘する声もあり、問題はそう簡単ではない。

たとえば、虫歯予防の目的で水道水に添加されたフッ素化合物については、1950年代にかなりの論争になった。反対派やさまざまな健康法提唱者は、フッ素添加の倫理的問題、安全性、効果に疑問を呈した。ヨーロッパ大陸では危険と判断してフッ素添加水を中止した国もあったが、多くの英語圏の国々では現在も続いている。

フッ素添加物の健康被害に危機感を持った人々は、子供の歯の発育に影響するエナメル質の変質等の健康問題はフッ素が原因だと主張している。1950～60年代には、フッ素添加水は大衆の健康を害するための共産主義者の陰謀だと決めつける反対派まで現れた。アメ

どうやら膝に水がたまっているようです
20世紀半ばのアメリカのポストカード

リカの生化学者ディーン・バークは「水道水のフッ素化は大量殺人の一種である」と述べた。飲料に適した水をどう供給するかという問題は歴史に深く根ざし、現在も白熱した議論を呼んでいる。

第4章◉水と健康

多くの例から考えるに、人間は水しか口にしなくても想像以上に長く持ちこたえるらしい。水は広く浸透した栄養豊富な飲料であり、世界共通の最高の稀釈剤である。稀釈剤としては、不純物がなく、においも味もなく、透明なことが重要だ。

――1785年、イギリスの医師アンソニー・フォザーギル

◉水嫌い

医師や科学者は、水が体に良いことにかなり以前から気づいていた。水の安全性が確約されず、その結果水を飲むことが廃れてしまった時代でも、専門家は習慣的に水を飲むことが健康増進に役立つと提案した。水は消化を助け、体内を浄化し、血流を強くするためだ。第

一線の医師や医療ライターは18世紀頃から現在に至るまでそう主張し続けている。

イギリス系アメリカ人の詩人W・H・オーデンの「愛がなくても生きている人は無数にいるが、水なしで生きている人はひとりもいない」という言葉からは、彼の鋭い洞察力がうかがえる。しかし歴史的に見ると、多くの人々ができれば水を飲まずにすまそうとしてきたことも事実である。なかでもイギリス人の水嫌いは世界的に有名で、病的な恐怖症と言ってもよいほどだった。水を飲むと皮膚の下に水分がたまり水腫になりやすいという近世の迷信が原因のひとつだ。

アメリカに最初に渡ったイギリス人入植者が水を毛嫌いし続けたのは、イギリスではビールやエールのほうが一般的だったためだろう。日常的に酩酊し粗暴だった彼らは、アメリカ先住民の神経を逆なでしたに違いない。同じように、フランス人の聖職者にして植物学者のペール・ラバは、1690年代の大同盟戦争（九年戦争）でスペイン軍の捕虜になった際に、軍つきの聖職者に「わたしの国では水を飲むのは病人とニワトリだけだ」と伝えたという。

昔のヨーロッパ人に「好きな飲み物は何か」とたずねれば、彼らの多くが「アルコール飲料」と答えたと思われる。水を大量に飲む人は世間から揶揄されることもあった時代である。『驚異の部屋 *The Cabinet of Curiosities*』（1824年）という本では、水が大好きだったフランス人女性カトリーヌ・ボーセゴーに触れ、幼少期には1日に手桶2杯、成人してからは

ミシェル・ウジェーヌ・シュヴルール作「アルコール依存症」。19世紀。下の絵ではアルコールの危険性が、上の絵では水を飲むことのよろこびが描かれている。

多いときで1日11リットルの水を飲んだと紹介している。両親に水を飲むことを禁じられたカトリーヌは、こっそり川や泉で水を汲み、隣人からも分けてもらった。どうやら当時の社会は、水を飲むことはごく普通の行為であり、反社会的な活動ではないという考えにまだなじんでいなかったようだ。

現在なら、ボーセゴーの飽くことを知らない水への渇望は非難されないだろう。しかしわずか数世紀前は、水を好む者は好奇の目にさらされ、変わり者として社会からはじきだされる危険があった。

●水を否定する

この広く社会に浸透した水への嫌悪から、ひとつの哲学的な難問が生まれる。そもそも人間の体は水が飲めるようにできているのだろうか？　結局のところ、医師にできるのは水を飲むように人々を説得することだけだったが、そのためには水は人間が飲むに適した自然な飲み物だと証明しなければならない。安全な飲み水の確保もままならない時代には難しい芸当だ。

18世紀、オーストリアの外交官にして作曲家のゴットフリート・ファン・スヴィーテンは、人間は本来水を飲む生物ではないと考え、「毎日生ぬるい水をちびちび飲んでいる若い女性は、ひ弱で締まりのない年輩女性になる」と述べた。数十年後、イギリス人医師ウィリアム・ラムは、神が人間に水を飲むという動物的な特徴を持たせたと考える者をあざ笑った。

人間の頭が地面からはるか上にある理由が今わかった。(水を飲もうと)地面に口を近づけるためには、痛みを伴うたいへんな苦労を強いられるからだ。さらに、口元は平らで鼻が飛び出ているので、水を飲むのは容易ではない。

水に対するこうした否定的な見解は、有名な科学者アイザック・ニュートンの研究によって学問的にも裏付けられていた。ニュートンは、神は動物を水を飲むものとして創られたが、人間は例外だと仮定した。さらにこの興味深い説と、人間は食べる前に肉を調理する唯一の動物だという解釈を結びつけた。

ニュートンによると、肉を調理すると食欲が増すと同時に消化もしやすくなるが、熱い食べ物によって体内温度が上昇するので、冷たいもので抑える必要がある。そのため、先史時代に人間が水を飲み始めたのは、この体温調節という必要に迫られてのことだったという。

しかもニュートンは、人間が水を飲む生き物に自然に変化したことを肯定的にとらえず、本来あるべき姿からかけ離れた状態と考えた。調理の習慣を持ったために水を飲むようになり、それが原因で健康問題が起こり始めたというのである。

この疑念は数世紀ものあいだ続いた。イギリスの小説家チャールズ・ディケンズの知人でもある海軍士官フレデリック・マリアットが「わたしが知っている水の唯一の使い途は、リキュール酒を薄めることと、世界の海に船を浮かべることだ。なぜ海は塩辛いのか考えてみるがいい。人が水を飲みすぎることを防ぐ以外の理由があるだろうか？」と述べたのは、19世紀半ばのことだった。

◉水を飲もうと説得する時代

しかし、時折このような過激な発言は出るものの、徐々に世論は変化して、ビクトリア朝時代になると水を飲むことが支持され始めた。現在は広く認識されている水が体にもたらす利点を、当時の医師や科学者も評価するようになった結果だ。水は体に悪いとの考えは、現代社会ではまったく通用しない。それでもわずか200～300年前、水が体に良いことを人々に納得させるために、専門家は懸命に努力しなければならなかった。

水への根深い疑念を取り除くために、多くの医療関係者が水は人間にとって必要な飲み物だと積極的に勧め始めた。さらに大胆な手を打った者もいる。『水の驚異 *The Curiosities of Common Water*』（1723年）の著者であるイギリス人医療作家ジョン・スミスは、水は体に悪いどころか健康に良い飲み物で、疲労感や痛風、天然痘やペストまで、あらゆる慢性病が治ると語った。スミスは水を飲むことがもたらす心理的利点にも注目し、慢性病の苦しみや自殺願望が水によって治療できると考えた。

わたしは内向的でくよくよしがちなので、大きな困難に見舞われると心がひどく落ち込んだ。その苦しみはときに命を脅かすほど深かった。そんな嘆きの発作の最中は、つねに胸の中がかき乱され、それが長く続くことがあった。しかしついに良い治療法を発見した。冷たい水を半リットルほど飲むと2、3分で落ち着くのだ。もう苦しむことはないだろう。

18世紀の大半の医師は、スミスのように水を盲信することはなく、心身のあらゆる不調を治す魔法の薬ともみなさなかった。おそらく、水によって重い症状が和らぐことはあっても根本的に治癒することはないと常識的に判断したのだろう。それでも多くの著名な医療ライターが、水は人間にとってごく自然な飲み物であり、しかも体を健康に保つには「欠かせな

ニューヨーク、ブルックリンのプロスペクト公園にある水飲み場（1870〜90年頃）

い」として、水を飲むことに賛同し始める。

ドクター・ダニエル・オリバーはその典型例だ。医師であるオリバーは「水から離れた瞬間、わたしたちが手にすることができるものは自然の産物ではなく、人工的な飲料だけになる。神がわたしたちに植えつけた本能に導かれれば、わたしたちは安全だ。しかしそこから離れた途端、危険にさらされる」と語っている。また、ドクター・クリストファー・ウィリアム・ハフェランドはこう述べた。

最良の飲み物は水である。これは一般的には嫌われている液体で、体に悪いという偏見を持つ者さえいる。しかしわたしは躊躇せずに断言するが、水を飲むことは長生きのための最高の手段だ。水は消化を助け、その冷たさと含有する気体によって胃や神経を強くする。

◉水による医療

オーストリアの農民ヴィンチェンツ・プリースニッツは、水治療法で世界的な名声を得た。人や動物の患部を水の入った袋でくるみ、奇跡のように治したのである。

彼の不思議な治療法はまたたくまに広まった。あまりの人気ぶりに、村の自宅の小屋を療養所に改築しなければならなかったらしい。1826年にはオーストリア皇帝の弟アントン・ヴィクターの治療のために王宮に招待され、名声はさらに高まった。その後も故郷のグレーフェンベルクの村には毎日大勢の人々が押し寄せた。1827年の1年間で、王族ひとり、公爵ひとり、公爵夫人ひとり、王女22人、伯爵と伯爵夫人149人を含む1500人の患者を診たという。

プリースニッツの治療法は傷口や病巣に水を当てることが中心だったが、こまめに大量の水を飲むことも推奨し、1日コップ12杯は必ず飲むようにと患者に助言した。

プリースニッツによると、最初は吐き気がすることがよくあるそうだ。胃には病気の残留物がたまっているので、それが水に攻撃されて吐き気が起こるというのがプリースニッツの見解だった。目や耳、鼻に水を注射された不運な患者や、冷水を張ったバスタブに数時間入るように言われた患者もいた。他の治療法がうまくいかず、冷水風呂に沈められた者もいたらしい。

シャルル・エミール・ジャック「水治療の第２段階――全身水浸しでしかめ面」（1880年代）

「水治療」19世紀、ドイツのリトグラフ。

プリースニッツの多くの弟子も名声を博したが、多いときは1日に大きめのコップ40杯もの水を飲み、機会あるごとに雪の中に飛び込んでいたため、笑いものにされることも多かったという。

伝統医学の医師はこうした治療をいかさまとはねつけるのが常だったが、プリースニッツは現代の一部の医師と同じように、水を飲むと胃や腎臓が浄化されると考えた。この考えは体内浄化の伝統儀式にも取り入れられ、現在も水治療を支持する医師は存在する。彼らは伝統的な西洋医学を否定し、代替医療として水による体内浄化を勧めている。

プリースニッツの水治療法は即座に世界中に影響を与え、多くの人々を水の虜にした。ドクター・チャールズ・シーファーデッカーは、19世紀半ば、フィラデルフィアに水治療院を開設し、梅毒から脳炎まで治療すると宣伝した。シーファーデッカーは「冷水、運動、適切な食事、そして新鮮な空気があれば、人間は150〜200歳まで生きられると確信している」、「人は本来病気ではなく事故で亡くなるものだ」と語っている。当時は30日間冷水だけで生活した人の例が繰り返し話題になり、人の体は無数の管ですみずみまで水分を運ぶ水力機械と言い表された。

◉温泉療法

伝統医療と反伝統医療の医師のあいだでまたしても見解が分かれたのが、温泉療法だ。19世紀、西欧諸国では鉱泉とミネラルウォーターが大流行する。技術革新のおかげで鉄道網が発達し、遠方の温泉リゾート地まで足を伸ばせるようになったためだ。

当時の多くの科学者が温泉の泉質分析に関心を寄せた。ドクター・オーガスタス・グランヴィルは、著書『イギリスの温泉 *Spas of England*』（１８４１年）でイギリスの鉱泉に含まれるミネラルを綿密に分析し、ミネラルウォーターには治療効果があるという認識を社会に広めた。かつての温泉の評価は迷信に近かったが、グランヴィルは客を呼ぶために特定の温泉を無責任に勧めることはなかった。

ヨーロッパ各地の人々が――大半が中流や上流階級だったが――ドイツのヴィースバーデンやイングランドのバースといった有名な温泉地へ押し寄せた。ミネラル豊富な湯につかったり水を飲んだりすることで病気を治すのが目的だ。鉱泉は19世紀末のイギリスの植民地でも郷愁を誘う場所として人気が高かった。帝国主義により植民地が拡大されると、科学者はその土地の水とイギリスの水の化学組成を比較し、水にまつわる知識を蓄えた。

水療法は、有名な温泉地と結びついてさらに成長した。たとえば１８４０年代に繰り返

ドイツ、ヴィースバーデンの温泉リゾート地コッホブルンネンのポストカード

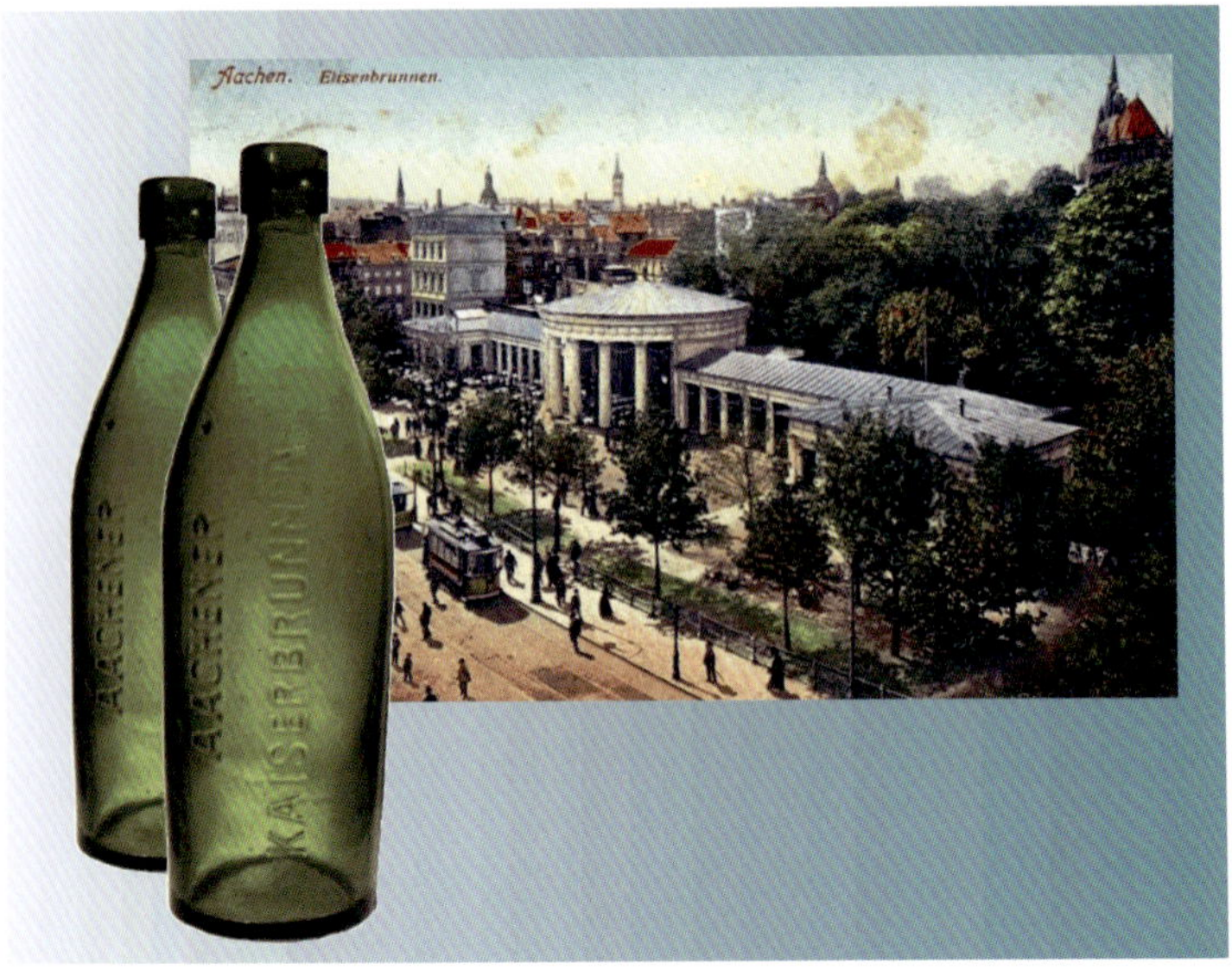

ドイツの温泉地アーヘンのポストカード（1910年）

し宣伝されたグレン・ヘヴン水治療院のパンフレットには、つぎのように書かれている。

内包される炭酸ガスの効果を最大限に活かすために、水はできるだけ新鮮な状態で飲むことが望ましい。朝は、朝食前に体の状態に合わせて飲むこと。初心者は朝食の前にコップ半杯から3杯を必ず飲むこと。午前と午後の食間にも同じ量を飲むこと。食後2時間は喉を潤す以外の目的で水を飲んではいけないが、食事中は適度な量を飲むべきである。

プリースニッツやグランヴィルが先導した水人気に懐疑的な者もいた。水愛好家は、最悪の場合、強迫観念による極端な健康志向だというもっともな批判にさらされた。これはフランスの詩人シャルル・ボードレールの言葉にも現れている。「水しか飲まない者は、仲間たちに隠している秘密がある」。アルコールを飲まなければ、正体を無くして口が軽くなることもないというわけだ。このような懐疑的な見方もあったが、18～19世紀に広まった水は健康に良い飲み物という考えは、現在まで続いている。

水に対する人々の態度が明白に変化したのは中世以降だ。19世紀の水愛好家にとって、水は健康を支える飲み物だった。体には不可欠であり、奇跡のように病気を治す力も持っていた。水は健康に欠かせないという現代の認識の土台は、ときに熱狂的すぎるきらいもあったこの時代に確立されたと考えていいだろう。

しかし水を飲んでも健康を害したり死に至ったりすることはないと一般市民を納得させるために、医師や科学者にはまだまだ課題が山積していたのである。

マサチューセッツ州ノーサンプトンのラウンドヒル水治療院

第5章◉安全な水

どれほど長く蒸留した水でも、どれほど丹念に濾過した水でも、日光のもとに置くとやがて腐敗する。そこに現れる気泡や浮きかす、沈殿物、味によって、不純物が潜んでいることがわかる。

――ニュー・マンスリー・マガジン（1823年）

◉顕微鏡でのぞいた水は……

顕微鏡をのぞいて初めて水の含有物を確認したのは、17世紀末のオランダの商人にして科学者、アントニ・ファン・レーウェンフックだった。奇妙な姿の微生物があふれる小宇宙が見えたときはさぞ驚いたことだろう。水の中のぞっとするような世界が人の目に触れたのは、これが初めてだったのだ。

レーウェンフックは生涯で５００以上の顕微鏡を自作し、精力的に観察を行なって重要な結果を残した。水には時折非常に小さな生物が含まれていることを初めて白日の下にさらした人物と言っていい。水に潜んでいる微生物が人間の体に有害かどうかは、レーウェンフックにはわからなかったかもしれない。それでもこの気味の悪い生き物は、歓迎すべき存在ではないと思ったはずだ。

レーウェンフックの発見以前、水質は採水地によって評価されることが多く、さまざまな水の「タイプ」が確認されている。18世紀の医師トーマス・パーシバルは、つぎのように記している。

ミノルカ島では泉や小川から水を得ることができるが、しばしば塩辛く、硬水なので、住人には腸閉塞や皮膚の硬化、ガスによる腹部膨満感、消化不良といった症状が一般的に見られる。脾臓の肥大化や肝臓の腫れは住人だけではなく動物にも現れ、とくにヒツジに多い症状だ。

パーシヴァルは、水の硬度や体への影響は採取された場所によって決まると考えた。レーウェンフックの発見は、水を分類するための無数の方法に新たな規準を加えた点でも重要だ。

水の質は、採水地がどこであろうと、そこに含まれる微生物の数に左右される色合いの違いによって測ることができ、それが命の危険にも関係するというのがレーウェンフックの発見だったのだ。

西欧の国々で産業化が進むにつれて、水に含まれる不快な細菌への不安が強まった。１８３０年代、イギリスの作家にして聖職者のシドニー・スミスは、グレイ伯爵夫人に手紙をしたため「ロンドンの水を飲む人の胃にいる微生物は、地球上の男性や女性、子供の数より多い」と警告した。

１８５０年代、イギリス人医師にして化学者、顕微鏡学者、食品研究家のアーサー・ヒル・ハッサルは、公共水道の不純物を明らかにし、ビクトリア朝中期の大衆をパニック状態に陥れた。１８５０年に出版され人気を博した著書『ロンドン市民に供給される水の顕微鏡実験 *Microscopical Examination of the Water Supplied to the Inhabitants of London and Suburban Districts*』と、歯に衣着せぬ急進的な医学雑誌『ランセット *The Lancet*』に、顕微鏡で発見されたロンドンの水道水中の気味の悪い生物のスケッチを掲載したのだ。

しかしそれは誤解を招きかねないスケッチだった。顕微鏡をのぞきこめば、ページいっぱいに描かれた不穏な微生物すべてが一度に見えるかのような誤った印象を与えたためだ。のちにハッサルも公式に認めたが、実際の水には、スケッチにあるように微生物が隙間なく存

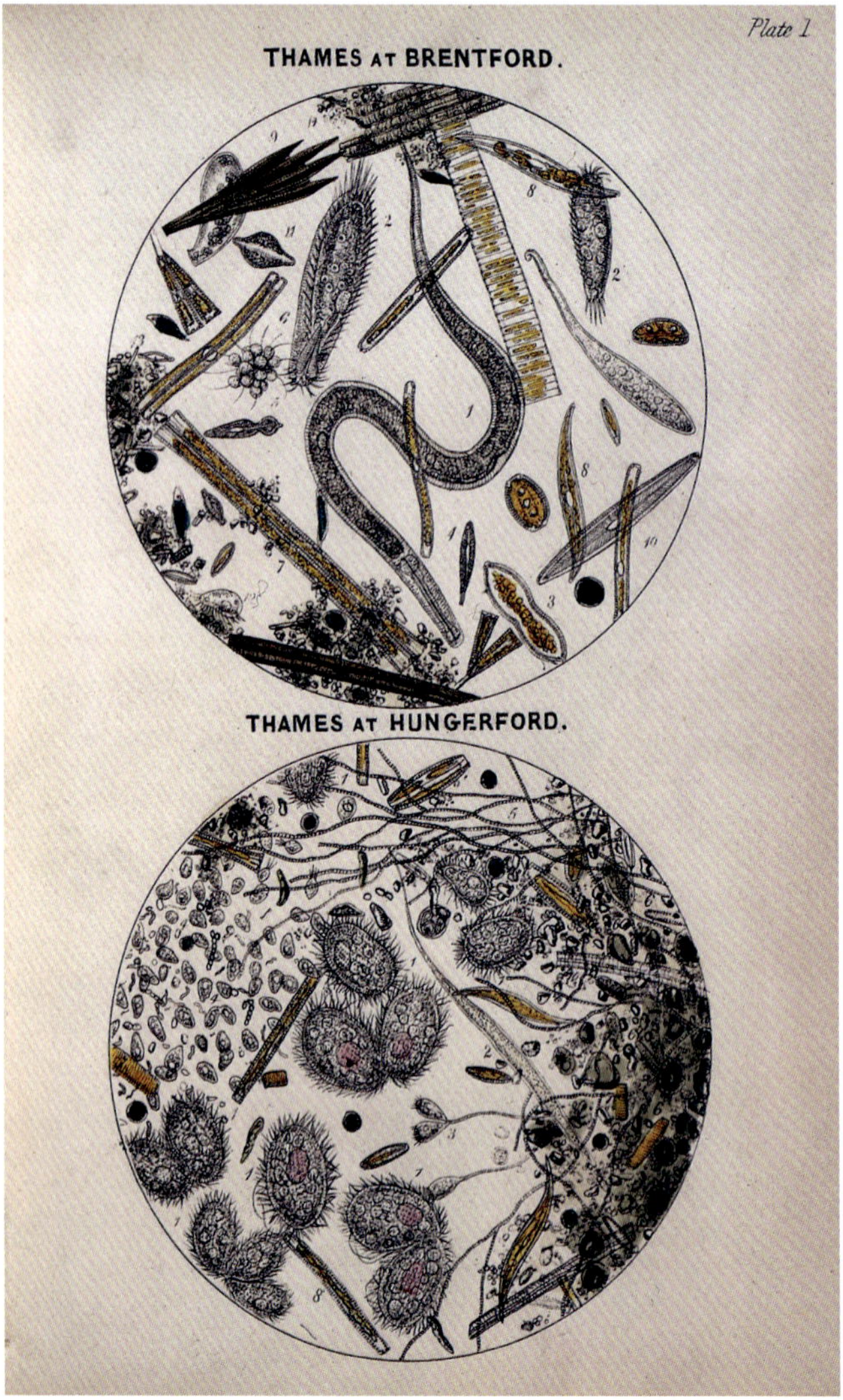

ブレントフォードで採取したテムズ川の水と、ハンガーフォードで採取したテムズ川の水。アーサー・ヒル・ハッサル著『ロンドン市民に供給される水の顕微鏡実験』（1850年）より。

在したわけではなかった。

◉伝染病

とはいえ、水には微生物が群れ潜み、なかには飲むと危険なものもあるという知識を一般市民にまで浸透させたハッサルの功績は大きい。彼の無気味なスケッチがきっかけで、飲み水の水質改善運動が起こった。

イギリスでは政治家が水質問題を何度も議案にし、医学系や文学系の雑誌では世界中の寄稿者が議論した。こうした微生物が体に悪いことを示す直接的な証拠はないと反論する者もいたが、たいていは水道会社の関係者だった。結局、常識や科学的論証から、水中の謎めいた生物は食欲を増す代物ではなく、なかには危険なものもあるだろうと判断された。

微生物の発見に伴い、病気の伝染の仕組みも解明が進む。調理に水を使う際は、いったん沸騰させると安全なことはよく知られていた。だが、水から感染する多くの病気の直接の原因が細菌や微生物だと科学者がようやく突きとめたのは、19世紀のことである。

こうした概念の誕生がきれいな水の定義に大変革をもたらした。広がり続ける工業都市では大勢の住民が密集して生活していたので、水が媒介するコレラや腸チフス等の感染症がかってない早さで蔓延する危険性があった。こうした病気にかかると、無数の人々が亡くなったり、脱水により顔のしわが増え相貌が崩れたりする。

当時は疫病を研究する細菌学の専門組織もなかったので、ロンドンでは1831年だけでコレラが原因で6536人が（イギリス全体では5万5000人）、パリでは2万人が（フランス全体ではさらに8万人が）亡くなっている。同じ年にロシア、ハンガリー、アメリカ、カナダ、エジプトでも数十万人がコレラで死亡した。腸チフスも水から感染する命にかかわる病気で、1861年に逝去したビクトリア女王の最愛の夫、アルバート公も腸チフスが原因である。

透明で一見きれいな水に致命的な細菌がまぎれこんでいるかもしれないという考え方に慣れるのは、最初は簡単なことではなかった。イギリス人麻酔科医ジョン・スノーは、汚染された水がコレラを媒介すると警告したが、信じる者はごくわずかで、病気は悪臭のする空気によって感染すると批判された。

しかし、1854年にコレラが大流行してロンドン市民約1万1000人が亡くなったとき、スノーは自身のソーホー地区の診療所近くにある共同井戸から飲み水を引いている住人に感染者が多数出ていることに気がついた。一方、自前の給水所を持っていた近郊のビール醸造所の労働者は感染していなかった。さらに調査した結果、付近の下水管から漏れた汚

ワシントンDCの屋外の水道（1934年7月）

水が飲み水に混入していたことが判明し、これがコレラの直接的な原因であると断定した。

スノーが飲み水の歴史で重要な役割を果たしたことは明らかだ。コレラと汚染水の関連に気づいてからは、塩素を使って水中のコレラ菌を殺す方法を開発し、無臭でおいしい水は安全だという考えに警鐘を鳴らした。こうしたスノーの努力が公共水道の浄化を要求していた社会運動家にも影響した。

スノーの発見が社会に受け入れられると、イギリスでは公共水道をサンドフィルターと塩素によって浄化処理する町も出てきたが、なかには浄化処理を施したと公言しつつも実行しなかった町もあった。1866年にロンドンのホワイトチャペル地区で流行したコレラの調査では、意外なものがみつかっている。住人の回想を紹介しよう。

ある日自宅の水道管が詰まった。わたしは配管工だったので、管を切ってみた。するとなんと、20センチ以上はある死んだウナギが出てきたのだ。きっと手前の浄水施設からやってきたのだろう。これで水が濾過されていないことがはっきりした。

非難されたのは、イーストロンドン・ウォーター・カンパニーだ。そこが提供する水道水はひどく汚染されていた。市民が清潔で安心できる水道水を求め始めた時代に、下水や大型生物で汚染された未処理の水が無責任に供給されていたとは、まさにスキャンダルだった。

◉新たな発明と感染症予防策

医学者や医師が命に関わる多数の感染症の原因は不衛生な水であると提唱したことで、また新たな発明が誕生した。

20世紀初頭、ふたりのアメリカ人、ハルシー・ウィラード・テイラーとルーサー・ホーズがつくりあげたのは、近代的な噴水式水飲み器だ。テイラーの父親は、汚染された水道水で腸チフスに感染して亡くなった。この不幸な出来事がきっかけで、テイラーは安全な水を確実に人々に届けようと新しい水飲み器を発明する。

一方ホーズは、カリフォルニア州バークリーで臨時の配管工や鈑金工、公衆衛生検査官として働いていた。ひとつのコップで水を回し飲みする子供たちを見たホーズは、同じコップで水道水を飲む習慣が市民の健康被害を拡大するのではないかと考え、世界初の水飲み用の蛇口を設計した。

水による感染症の拡大防止策がいきすぎだとして議論を呼んだこともある。これは西欧の国々や医学者が西欧以外の地域に干渉する場合によく見られた。

サウスカロライナ州チャールストンの水飲み場

19世紀末、コレラは植民地インド等の貧しい町や村を悩ませ続けた。そうしたなか、イギリスがインドのコレラの蔓延を食い止められたのは、伝統的なヒンドゥー教の巡礼とコレラを関連づけたこともひとつの理由だ。ヒンドゥー教徒の人々にとっては不運なことに、イギリスの役人は巡礼地の衛生面に口を出し、ガンジス川への巡礼を厳しく制限しようとした。西欧社会ではインドをコレラの巣窟とみなしていたため、インドの巡礼者を乗せた船は隔離された。同じように、聖地メッカへ巡礼の旅に出るインドのイスラム教徒も厳しく管理された。

こうした難しさはあったが、少なくとも西欧社会では、ビクトリア朝時代の医学の進歩を証明するかのように飲料水の水質は速やかに改善された。1896年にはコレラ患者は多くの西欧諸国では非常にまれになり、医師たちは異国の病気と分類し始めていた。しかし南米やインド、バングラデシュの町では、不充分な下水処理システムが原因で現在もコレラが発生している。

病気の因果関係が明白になり、予防手段や管理方法が変化すると、水の飲み方も変わってきたようだ。19世紀後半にはさまざまな知識が蓄積され実験手法も確立されたため、飲み水の含有物の理解がかなり進んだ。それ以前の科学者は、水から塩分を取り除く方法の開発に没頭していた。魚等の海洋生物の死骸が水に混入することを不安視する者もいたが、伝染病の大流行や住民の体調不良の原因が水中の目に見えない生物だと予想する者はわずかだった。

水にひそむ危険な微生物の存在が明らかになってようやく、人々の真剣な努力のおかげで水が誰が飲んでも安全なものに変わり、同時に新たな基準が水道水に求められるようになったのである。

フランス、サン=ポール・ド・ヴァンスの水飲み器

第6章◉アルコールか　水か

◉アルコール派対水派

18世紀、ブラシュ・デ・マンフレという「水噴き人」が世界的に有名になった。デ・マンフレはヨーロッパ各地を旅しながら、大量の水を飲んではワインやビール、油、牛乳に変えて吐き出すという驚くべき奇術を行なった。デ・マンフレが実際に水をワインや油に変えていたとは考えられないが、一度見たら忘れられない光景ではあっただろう。噂は広まり、彼は定期的にパフォーマンスを繰り広げて大衆を夢中にさせた。ときにはヨーロッパの皇帝や王も見物したようだ。

デ・マンフレの異様な奇術は、19世紀の禁酒運動家をぞっとさせたことだろう。産業革命時代、積極的な禁酒運動家はアルコールを悪魔のように扱い始める。運動家はおもに工場労働者を相手に、ノンアルコール飲料がいかに健康に良いか、それに比べてアルコールの酩酊状態がいかに体に悪いかを熱心に説いた。

当然ながら、衛生面では蒸留され加工処理されたアルコール飲料に分があるので、水は自然で健康的な飲み物でアルコール飲料は体に悪いと人々に言い聞かせるのはかなり難しい。そこで禁酒運動支持派と水の愛好家は、水は人間が飲むようにつくられた唯一の自然な飲み物だという考えを人々に植えつけるために努力を重ねた。水以外の飲み物を、人間がつくった「人工的な」飲み物だと切って捨てたのだ。

１８２３年のニュー・マンスリー・マガジンの匿名記事に、水が体に与える影響に関する当時の見解がまとめられている。

水はすばらしい働きをすると同時に味もないため、余計な食欲を抑えてくれる。神経にも目立った影響を与えない、健康に良い飲み物と言えるだろう。そう考えると、人は本来水だけを飲むべきなのかもしれない。最初の人類にとっても、現在のあらゆる動物にとっても、飲み物は水だけなのだから。

イングランドの温泉保養地バースの集合住宅「ロイヤルクレセント」

しかし、こうした意見の支持者は厚い壁に直面する。多くの西欧諸国ではアルコールの大量摂取が強固な社会習慣だったのだ。第一次世界大戦まで、ロンドンのパブは朝5時に開店し、労働者は出勤前にアルコール度数の高いブリティッシュエールを楽しんでいたほどだ。

禁酒運動支持者は、やっかいな哲学的問題とも格闘しなければならなかった。神は人間を水を飲む生き物として創られたのかという疑問だ。事実、産業革命以前は、さまざまな著名な人物がワイン等のアルコール飲料は水を飲むという危険な行為から人間を遠ざける恩恵だと表明していた。科学者にしてアメリカ建国の父とも讃えられるベンジャミン・フランクリンも、18世紀にこう述べている。

ノアの方舟以前、人類の飲み物は水しかなかったので、世界の真実は知りようがなかった。そのため（中略）人は忌まわしいほどに邪悪になり、彼らが愛した水の氾濫によって絶滅したのも当然だった。良心の人ノアは、人々がこの不愉快な飲み物によって死ぬのを目の当たりにして、水を嫌うようになった。そこで神はノアの渇きを潤すためにブドウの木を創り、ワインづくりの技術を与えた。このワインの助けを借りて、ノアは世界の真実を明らかにしていったのだ。

啓蒙運動時代の哲学者にして医師のジョン・ロックは、健康的な成長を促すために、子供には水のかわりにビールを飲ませるべきだと考えていた。フランクリンとロックの見解から、水よりむしろ軽いアルコールを許容する文化が根強かったことがよくわかる。

しかし水は、不純物に汚染されている可能性はあるものの、アルコール飲料よりもかなり安く、依存性もなく、健康にも良い飲み物だった。さらに、さまざまな加工が必要なアルコール飲料に比べると、明らかに自然な飲み物とみなすことができた。

アルコールは直感的に水よりも安全に思えるかもしれないが、誰もが気軽に飲むことで生まれる問題もあった。アルコールを摂取すると陽気になる者がいる一方で、協調性がなくなり暴力的になる者もいたし、生活費をパブで浪費すれば自ずと貧困につながった。

●「水は健康に良い」

そうした理由から水の愛好家は、長年にわたって定着してきたアルコール飲料の地位を揺るがそうと、神から人間への贈り物はじつはワインではなく水なのだと主張した。

人間にふさわしい自然な飲み物はアルコールではなく水だという考えに触発され、19世紀のフランスの作家ビクトル・ユゴーは「神は水しか創らなかったが、人間はワインをつくっ

フィラデルフィア、フェアマウント・パークの水飲み器。ジョン・C・シンクレア。1870年頃。

た」と述べた。禁酒した者や、アルコール飲料が及ぼす社会への影響を憂えていた者は、水は間違いなく健康に良いと断言した。たとえば、19世紀の改革論者ウィリアム・コベットはこう語っている。

ワインや蒸留酒に水以上の価値はないとみなされる社会で、わたしはどちらも飲まず、水だけで2年間過ごした。例外は牛乳が手に入るときだけだった。それでもこの2年間で1時間の体調不良もなければ1時間の頭痛もなかった。病気にもかからず、夜はよく眠れ、朝の目覚めも爽快だった。

19世紀のアイルランド生まれの医師にして作家のジェームズ・ジョンソンも、水が体に良いことを確信していたようだ。

水を飲む人の人生は穏やかで、なめらかだ。激しく浮かれることもなく、ひどく沈み込むこともない。水を飲んでいなければかかっていたであろう多くの病気にもかからない。一方ワインを飲む人は、短くも鮮やかな歓喜の時期と、長く陰鬱な時期を体験する。多くの病気にもかかる。バランスのよいよろこびが水を飲む人に味方しているのは明らかだ。

19世紀の西欧社会で飲み物としての水の評判が高まったのは、禁酒運動家の必死の努力によるところが大きい。彼らは市民をアルコールから遠ざけ、ひいては労働者階級がアルコールに溺れることで社会が崩壊するのを食い止めようと手を尽くした。

イギリスの下院議員で博愛主義者のエドワード・トマス・ウェイクフィールドもそのひとりだ。1859年に『ロンドンに無料の水飲み場を求める申し立て *Plea for Free Drinking Fountains in the Metropolis*』を著したとき、ウェイクフィールドは多くの町に無料の水飲み場ができれば健康増進だけではなく禁酒や道徳観の育成にもつながると考えていたはずだ。ウェイクフィールドの計画は功を奏した。1850年代にロンドン水飲み場協会がリバプールに設立される頃には、水に含まれる細菌の理解が進み、不衛生な水を供給していた多くのイギリスの水道会社が面目を失った。なかには、庶民のあいだであまりに評判が悪くなったために、地方自治体が買い取りを検討し始める水道会社もあった。

公共水道を直接管理できるようになった自治体は、水浴び施設や水飲み場を広く市民が使えるように考慮して、斬新な設置計画を立てた。たとえば多くの水飲み場がパブの近くにつくられたのは、パブへ行く人にもっと健康的で道徳的な飲み物があることを思い出させる視覚的効果を狙ったためだ。現在の水飲み場協会はアルコール追放には取り組んでいないが、引き続きイギリスで活動中だ。国営宝くじ等の団体の助成金によって既存の水飲み器の修理や新たな水飲み場設置も行なっている。

◉さらに高まる禁酒運動

飲料水の安全性が高まるにつれ、禁酒の声も強まった。安全な飲み水を確保しやすくなると、水は危険なのでアルコール飲料が必要だという主張はいよいよ通用しなくなる。市民に飲み水を安全に供給する努力が効果をあげてきたなかで、このような意見はもはや時代遅れだったのだ。

水は大西洋を越えたアメリカでもアルコールに代わる健康的な飲み物としてもてはやされたが、アメリカの禁酒運動も最初の壁にぶつかった。1835年、作家のヘンリー・クック・トッドは、著書『カナダとアメリカについて *Notes upon Canada and the United States*』で、ある年の暑い夏に1日で16人の水愛好家が突然亡くなったと回想している。ニューヨークで絶対禁酒主義［蒸留酒よりもアルコール度数が低いために大目に見られていた醸造酒も一切飲むべきではないとの考え方］が叫ばれ始めた直後のことだ。のちに明らかになったのだが、この不幸な人々はいつもアルコールを水で稀釈することを周囲に止められていたらしい。彼らの死の責任を負わされたのは、ニューヨークの水道水の劣悪な水質だった。市が積極的に進めていた飲み水運動はかなりのダメージを被った。

しかし禁酒は徐々にアメリカに根付いていった。英語では、禁酒をやめてまた飲み始めることを「荷馬車から落ちる off the wagon」と言う。これは、砂ぼこりを抑えるために道にまく水を積んだ荷馬車のことだ。「水を運ぶ荷馬車に乗っている」人、つまり禁酒している人は、酒場へ行くかわりに水の荷馬車に乗り込んで喉を潤すというわけだ。

アメリカの禁酒運動は大々的に水を讃えたので、禁酒を勧める団体は「コールド・ウォーター・アーミー（冷水軍）」の異名を取った。アーミーは水をエールやビールに代わる健康的な飲み物と位置づけ、市民の飲み物の習慣を変えるためにヨーロッパの活動を手本に奮闘する。町や村で歌を歌いながら行進する姿は有名だった。独立戦争当時の流行歌「ヤンキー・ドゥードゥル」のメロディで歌われた「独立の日の歌」を紹介しよう。

わたしが飲むのは冷たい水だ
いちばんおいしい飲み物だもの
だんながお好きなグロッグ酒は
わたしは遠慮しておきます

自然がつくった唯一の飲み物
それさえあれば生きられる
他人がなにを考えようと
水がいちばんの飲み物だ

だんなの酒はつくられた飲み物
いろいろな欲望を満たしてくれる
穏やかに暮らす人々に
楽しい時間を与えてくれる

ロッグウッド・ワインはとても美味
たしか「ポート」という名前
ひと口飲めばすぐわかる
喉がいがいがする感じ

北軍兵は抜け目がない

ナツメグの木も植えていた
だけど誰が考えただろう
大きな塩の湖でポートワインがつくられたとは

ポルトガルへ行かずとも
スペインへも行かずとも
最高のワインは手に入る
ポートにリスボン、シャンペンも

それさえ飲めば気分は晴ればれ
ブドウの助けなどもういらない
できあがった酒がいくらでも
みんな拒まず金を出す

ニューイングランドのラム酒好き
シードル好きもいるだろう

でもできあがるのは「酔っぱらい」
何を飲もうと同じこと

わたしは毒には触らない
小川の水はただだから
わたしには冷たい水を、それで充分
水で傷つくことはない

◉水の時代へ

アメリカの水支援者の中には、全粒粉に注目した牧師シルベスター・グラハムや、菜食主義の医学博士ジョン・ハーヴェイ・ケロッグも含まれていた。ふたりが健康促進のために考案したシリアルは現在も有名である。

アメリカでは禁酒運動支持派の意見が大きな影響力を持ったため、それが1919〜33年に施行されたいわゆる禁酒法にもつながった。アルコール飲料の製造と販売が禁じられた時代である。コメディアンのW・C・フィールズは禁酒法に非常に不満だったらしく、皮肉な言葉を残している。「禁酒法時代には、食べ物と水だけで数日間過ごさなければならなかった」

多くの禁酒活動団体がキリスト教と関係し、その主張を聖書にこじつけていたことを考えると、ワインやアルコール飲料がふんだんに登場する聖書がやっかいな問題になっていても不思議ではなかった。しかし、聖書がアルコール飲料に言及しているからといって、禁酒活動家が躊躇することはなかった。

ベンジャミン・パーソンズをはじめとする「禁酒作家」は、歴史を都合よく書き換えて、大半の古代文明の人々は水を飲んでいたと主張した。パーソンズは酩酊したローマ人のらんちき騒ぎや、イエスが水をワインに変えたという聖書のエピソードもうまくごまかし、アルコールが飲まれるのはごく限られた、宗教的な祝祭のときだけだったと主張した。どうやらパーソンズは、日常的なアルコール摂取と（彼に言わせると19世紀はこの例があまりに多かった）、時折の楽しみとしてのアルコール摂取を意識的に区別したようだ。過去の偉大な帝国は水だけで人々の健康を維持し、それが国の強さや勢いを支えたというのが彼の見解だった。

帝国主義が拡大しつつあった時代に太古の帝国を引き合いに出すのは、感情に訴える効果的な戦略だったと言えるだろう。さらに反アルコールの気運を高めるために、植民地の状況も利用された。１８７４年、現在の南アフリカ共和国を訪れたリチャード・Ｆ・ローガンは、

コンベヤー上のプラスチックボトルと水充填機

批判的にこう記した。「この地で唯一の病気は、酩酊だ。飲み水がケープタウンから運ばれてくるのに、水より先に25セントのイングリッシュ・エールのボトルを手渡される」

19世紀に水の評判は高まったが、それがアルコール飲料と縁を切れという市民への社会的プレッシャーが原因だと断定するのは難しい。しかし、アルコール飲料から水へと社会の潮目が急激に変わったことは間違いない。禁酒運動は運が良かったと言えるだろう。なにしろ国や地方が公共水道計画に積極的にかかわり始めた時期に運動のピークを迎えたからだ。

多くの著名な医学者も、水に含まれる細菌の研究を進め、不衛生な水が原因で亡くなる人を減らそうと尽力した。こうした技術の発展がなければ、水は健康に良いという主張が社会に受け入れられても、実際に水を飲む人は増えなかったかもしれない。とはいえ、現在も懐疑的な人は大勢残っている。２００２年に「ワインには知恵が、ビールには強さが、水には細菌が宿っている」と述べたデビッド・オーアーバックのように。

第7章 ◉ 飲料水ビジネス

蛇口からいくらでも流れてくる水をわざわざ店で購入する人が大勢いるのは、考えてみれば不思議なことだ。

20世紀末にボトルウォーターの人気が高まると、飲料水メーカーは一般消費者をだまそうとしているという批判の声にさらされた。なかでも、痛烈な社会批判で有名なアメリカのコメディアン、ジョージ・カーリンの言葉は辛辣だ。「エビアンのボトルに2ドルも払う人がいるなんて不思議じゃないか？　エビアン（Evian）を後ろからつづるとわかる。連中はばか（naive）なんだ」

そんな言葉を尻目に、ボトル入りミネラルウォーターや炭酸水の人気は社会現象になりつつあった。しかし、水をボトルに詰めて売るというアイデアは、いったいどのように生まれたのだろうか？

◉船乗りたち

新鮮な水の運搬方法は、数世紀ものあいだ懸案事項だった。船乗りたちは、喉の渇きのいらだちがとくに強かったようだ。船は見渡す限りの水に囲まれているのに、海水を飲めば喉の渇きがひどくなる。これでは海にからかわれているようなものだ。長い船旅以上に、海水を飲み水に変えたいと声高に叫ばれる場は他になかった。そして船以上に、地球が水に覆われていることに気づかされる場所はなかった。

イギリスのロマン派詩人サミュエル・テイラー・コールリッジは、「老水夫の詩」にその苦しみをつづった。

どちらを向いても水、水、水
それなのに甲板の板は乾いて縮んだ
水、水、どちらを向いても水ばかり
それなのに飲める水は一滴もない

ヨーロッパの科学者たちがサンドフィルターの実験を行なっていた時代は、船がつぎつぎと建造された時代でもある。探検家は遠方まで安全に旅することが可能になったが、非常に時間がかかる退屈な旅だった。しかもたいていは寄港地もほとんどなく数カ月間続くので、食糧をいかに新鮮に保つかが問題だった。それ以上に重要な課題だったのが飲み水の保存だ。長い航海のあいだ、どうやって飲み水を入手し、新鮮に保つのだろう?

18世紀、キャプテン・クックは海に浮かぶ氷を溶かして飲み水にした。クックはそれを「まろやかで、体に良い水」と表現している。海水が凍ってできた氷には塩分が含まれていないので、溶けると飲み水になることはよく知られていた。

しかし、北極圏以外では海水は凍らない。18世紀、海水を長い船旅の飲み水にする試みにイギリス議会も注目し、海水を真水に変換する技術を開発した科学者には多額の賞金が約束された。これに多くの科学者が背中を押され、実験を重ねた。なかでももっとも成功したのはドクター・チャールズ・アーヴィングだろう。彼は1770年に海水を濾過し塩分を除去する実用的な技術を開発した。

◉ボトルウォーターの誕生

同じく18世紀、ミネラルウォーターを瓶に詰めて売る者が現れた。容器に詰めれば運搬することも、売ることもできる。水の商品化の始まりだ。それ以来、ボトル詰めは水を貯蔵し売るためのもっとも便利な方法として続いている。20世紀には、核戦争が勃発した際には瓶よりも金属容器のほうがもつだろうとの期待から、水の缶詰もつくられた。

ボトル入り飲料水の人気は衰えることなく続く。ボトル入りのミネラルウォーターは、遅くとも18世紀末からボストンで売られていたことがわかっている。19世紀初頭には、新たな技術の開発でガラス瓶の製造コストが下がり、ガラス瓶入り飲料水の大量販売で利益が生まれるようになった。そこから世界各地で数多くの新規事業が誕生する。たとえば、1809年にはニューヨークのブランド、サラトガがボトル入りミネラルウォーターの販売を開始した。1856年には年間700万本以上が生産されており、1パイント（0・55リットル）につき1ドル75セントで売られていたのだから驚きだ。

スロバキアでもっとも売れているブディス

◉ミネラルウォーター企業

現在有名なミネラルウォーター企業の大半は、19世紀中に操業を始めている。ボトル製造の新たな技術開発に伴い、ボトル入り飲料水の商業的可能性が広がった結果である。

ミネラルウォーター・ブランド「エビアン」は、レセール侯爵がフランスの町エビアンの湧水を発見したことがきっかけで誕生した。その泉の水を飲み続けること数週間、腎臓と肝臓に持病があった侯爵は痛みが劇的にやわらいでいることに気がついた。ほどなくして、エビアンの湧水は健康に良いとして地元の医師も勧めるようになる。泉の持ち主はここにビジネスチャンスを見出し、一般人の立ち入りを禁止して湧水の販売を開始した。1829年、ミネラルウォーター協会が設立され、エビアンの水は医療用ではなく飲み水として売られるようになる。

フランスの炭酸入りミネラルウォーター「ペリエ」が生まれたのも19世紀だ。ボトル入りペリエの水が採取されるのは自然の炭酸泉で、炭酸ガスが含まれている。そこで実業家は、ペリエの泉が持つ自然な味わいや性質を保つために、ボトル詰めの工程で製品にガスを再注入する方法を編み出した。

そもそもこの泉はレ・ブイヨン（沸騰する泉）と呼ばれ、ローマ時代から続く温泉地だっ

2012年、テニスの国際大会、全米オープンで陳列された天然水「エビアン」のボトル

ダイアン・フォン・ファステンバーグによるエビアンの2012年デザイナーズボトル

フランスのミネラルウォーター・ブランド「ペリエ」は、ガール県ヴェルジェーズの泉から汲みあげられる。

た。地元では１８６３年からボトル入りの泉の水が売られていたが、１８９８年に実業家にして医師のルイ＝ウジェーヌ・ペリエが泉を買収し、のちにイギリスのタブロイド紙ロンドン・デイリー・メール創刊者の弟であるジョン・ハームズワースに転売する。

ハームズワースは水の名前をドクター・ペリエにちなんで改名した。発売当初はウイスキーの水割り用として宣伝されたが、やがてミネラルウォーター界のシャンパンと称されるようになった。現在は上流階級向けの高級飲料水として販売されている。

「バドワ」もフランスのブランドで、採水地は南部のサン＝ガルミエだ。当初は地元の医師が患者に処方していた水を、１８４１年にオーギュスト・バドワが商品化した。飲むと気分が浮き立つと言われ、明るく爽快なイメージを前面に売り出された。その人気は20世紀まで続き、フランスの多くのレストランでも置き始めた。１９５８年には、年間３７００万本が生産されるようになった。

水の商品化はフランスに限ったことではない。イタリアの「サンペレグリノ」のミネラルウォーターは、遅くとも14世紀から健康に良いというふれこみで売られてきた。レオナルド・ダ・ヴィンチが１５０９年にサンペレグリノの町を訪れた際は、水を飲むことが目的だったと言われている。彼はのちにサンペレグリノの水の特性について論文を書いているが、確かにその水に夢中だったようだ。19世紀末にはボトル入りのサンペレグリノの販売が始まり、

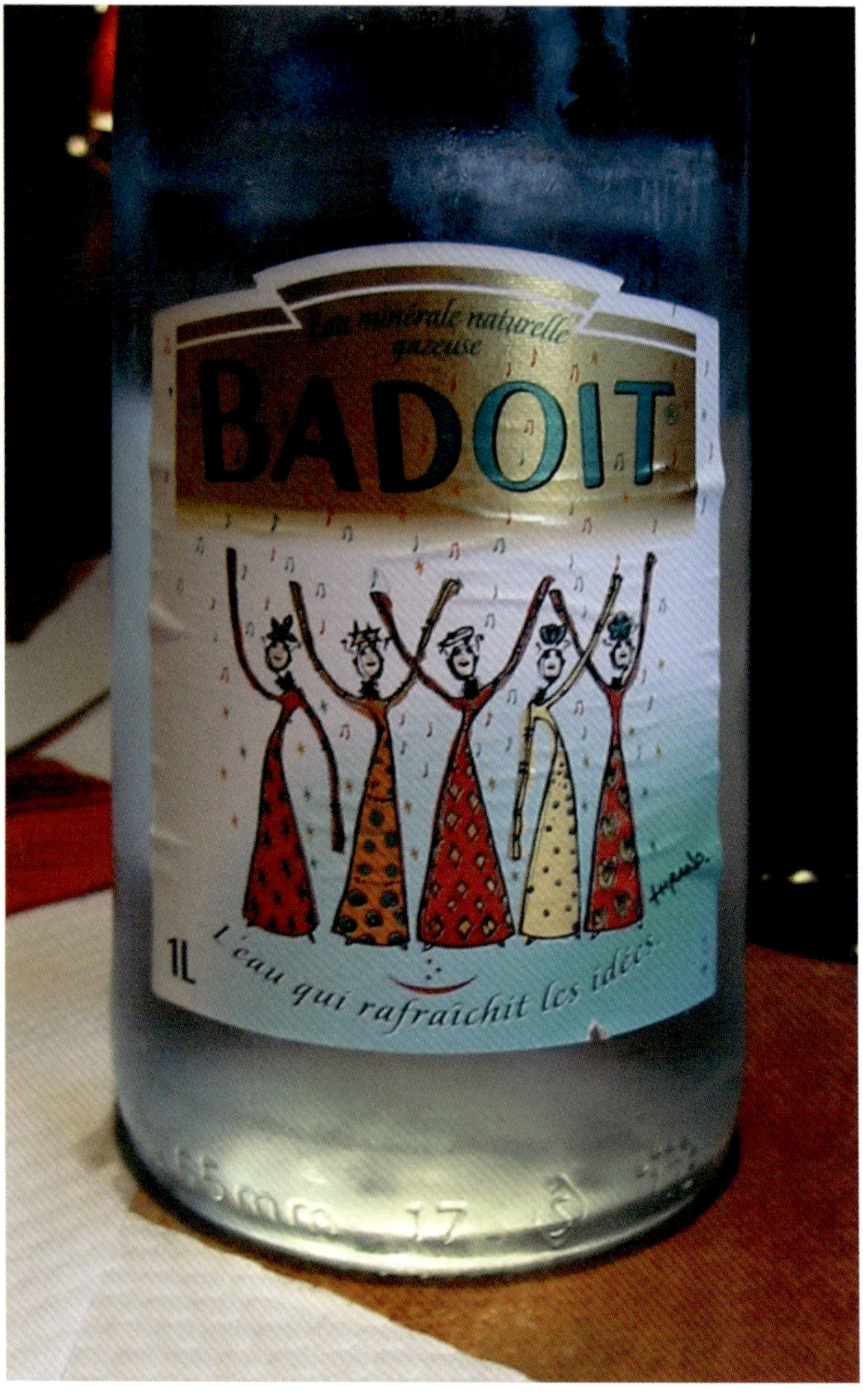

ミネラルウォーターのバドワ。フランス、サン＝ガルミエの鉱泉からボトリングしている。

ヨーロッパのみならずアジア、アフリカ、南北アメリカにも輸出された。

ドイツで人気の「シュタートリヒ・ファヒンゲン」も、健康が促進され幸福感が得られるとして医師が勧めている。ドイツの詩人にして作家のヨハン・ヴォルフガング・フォン・ゲーテは、1817年にこう記している。「ファヒンゲンの水と白ワインを所望する。水は精神を解放するために、ワインは精神を快活にするために」。ファヒンゲンも医療品から一般商品になった水だ。1939年、アドルフ・ヒトラーのボディガードを5年間務めたカール・ヴィルヘルム・クラウゼが解雇された。ヒトラーの前線視察にボトル入りのファヒンゲンを持参するのを忘れ、こっそり現地ポーランドの水を出したが、それがヒトラーの口にまったく合わなかったためである。

ジョージア（旧グルジア）の「ボルジョミ」は、商業的に成功する前は飲むと体の不調が改善することで有名だった。水源であるボルジョミ川河畔の鉱泉は、1829年にあるロシア兵によって発見された。部隊指揮官のパヴェル・ポポフ大佐は部下に命じて泉の水を瓶に詰めさせ、最寄りの基地へ持ち帰った。水を飲んだポポフはすぐに胃の痛みがやわらいだことに気づいたという。そこで泉を石垣で取り囲み、浴場をつくった。鉱泉に治癒効果があるという噂はまたたくまに世界に広まり、1850年にはボルジョミにミネラルウォーター・パークがつくられた。1854年、ロシア政府はこの地域初のボトリング工場を建設する。

◉ビッグビジネス

水をボトルに詰めて売るという、非常に単純でありながら効率的なアイデアは現在も生き続け、飲み水の入手や消費方法に計り知れない影響を与えている。ボトルウォーター産業はここ数十年で急成長し、年間売り上げは数十億ドルに上る。

20世紀初頭の西欧社会では、安全な水道水が家庭に供給されるようになったことが一因でボトルウォーターが廃れた時期もあった。だがそれも1977年までのことだ。その年、ペリエが有名な俳優オーソン・ウェルズを使ってアメリカで大々的な広告戦略を展開したのをきっかけに、それまで隙間市場に甘んじていたミネラルウォーターは人々の心をつかみ、ふたたび脚光を浴びた。ペリエの社長グスタヴ・レヴンは、200年前の医師と同じように、ペリエは消化を助け健康を促進すると宣伝した。

1970年代でさえ、ボトルウォーターが現在のような人気商品になると予想した者はいなかった。購買量は世界的に右肩上がりが続き、とくに1990年代初頭からその傾向が著しい。ミネラルウォーターは水道水とは異なり、見るからに清浄だ。もとをただせば地下水で、ボトリング前に施される処理は鉄分と硫黄化合物の除去と濾過のみである。

現在、世界でもっとも人気の高い有名なミネラルウォーター・ブランドは、エビアン、ペリエ、ボルヴィック（以上フランス）、フィジー・ナチュラル・アーティージャン（フィジー）、ゲロルシュタイナー（ドイツ）、フェッラレッレ、サンペレグリノ（以上イタリア）、マウンテンバレー（アメリカ）、ティナント（ウェールズ）、そしてアイスランディック・グレーシャル（アイスランド）だ。

過去最高額のウォーターボトルの価格は6万ドルである。イタリアの芸術家アメデオ・クレメンテ・モディリアーニの絵をモチーフに、メキシコのデザイナー、フェルナンド・アルタミラノがデザインした限定ボトルで、24金で覆われ、世界各地で採取された鉱泉の水を詰めたものだ（6万ドルは地球温暖化対策運動の団体に寄付された）。

◉ボトルウォーターは「きれい」で「おいしい」か？

ボトルウォーターに使われるプラスチックや鉱泉以外の水源から集められた水による汚染の可能性が議論されることもある。少なくない人々がボトル入りのミネラルウォーターは水道水より健康的であると信じており、外出先で簡単に購入できる便利さも相まって人気が高い。しかし、一般的においしいと思われているのはボトルウォーターなのか、それとも水道水なのだろうか？

どちらの水質や味がすぐれているのかを明らかにするべく、近年両者を比較する研究が進められている。このようなボトルウォーターと水道水の利点をめぐる議論がわきおこったのは、ここ数十年のことだ。水道水の水質は厳密に管理され、成分も分析されているという主張もあれば、ボトルウォーターは最新式の処理工程を経ているので汚染の恐れは低いという意見もある。どちらを選択するかは、居住地域の事情にある程度左右されてきたようだ。

水は採取される場所によって味わいがまったく異なる。パリ市民は、暮らしている郡によって市の水道水の味が違うと言う。そのため、水道水の味やにおい、見た目への不満から、長年ボトルウォーターを選んできたという人もいるだろう。ニューヨークでは水道水のほうが好まれているが、アメリカ全体で見ればボトルウォーターの人気は高い。

反対に、ボトルウォーターなど信用しないという町がある。オーストラリアのニューサウスウェールズ州にある小さな町、バンダヌーンだ。バンダヌーンの住民は、ボトルウォーターや廃棄物が環境に与える悪影響を考慮し、自分たちの小さな町に持ちあがった醜いボトリング工場建設計画に反対した。バンダヌーンでは現在ボトルウォーターの販売が禁止されている。

このような例外はあるものの、水を手に入れる方法や選択肢はここ数十年で劇的に変化した。水はボトルに詰められ、商品になった。しかも、西欧社会では水道水が簡単に手に入るにもかかわらず、ボトルウォーターの人気は高まるばかりだ。

近年、飲料水メーカーは、アジアやラテンアメリカに市場を広げようとマーケティング調査を開始している。西欧諸国以外の多くの国では、不衛生な水が飲料水として使われているためだ。そうした国々で水を販売すると、公的機関が管理運営する水道サービスがいつまでも確立しない恐れがあるとの批判も出ているが、ボトルウォーターが問題解決の一助となることは間違いないと言える。とはいえ、近年ボトリング工場が建設された南アフリカをはじめとする国々のボトルウォーターの消費量は、西欧諸国に比較するとまだまだ少ないのが実状である。

第8章◉水にひと工夫

◉炭酸水

水を飲んで健康になろうと勧める情報は増えたものの、水には味がなくこれといった魅力に欠けるので、水の消費を広めようとする人々は頭を悩ませた。そのため過去2世紀にわたり、水をわくわくする魅力的な商品にしようとさまざまな工夫がなされてきた。最初の試みは、水に発泡性を持たせることだった。19世紀の禁酒運動家が水を飲む習慣を定着させることに成功したのは、水の味や質、見た目を変える技術が誕生したことも理由のひとつと言えるだろう。

禁酒運動支持派は、炭酸水は目新しいうえに風味も良いと高く評価した。基本的に炭酸水は、濾過水に清浄な空気を加えて風味や硬度を調整する。18世紀の医師や科学者は、温泉地の天然の発泡水が持つ健康効果を認めていた。

だが、当時はそうした場所で水を採取し輸送することは莫大な費用のかかる大仕事だった。そのためミネラルウォーターが買えるのはほぼ薬局だけで、数も地域も限られていた。イギリスをはじめ工業化が進んだ社会では胃の不調を訴える人が増えたが、発泡水には消化を助ける作用があるため、運良く発泡水を手に入れた人のあいだで人気が高まっていく。

一方科学者は、気泡が水に溶けこむメカニズムを解明し、人工発泡水をつくる技術の開発に取りかかった。二酸化炭素を水に注入する方法を考案して炭酸水を発明したのは、イギリスの科学者ジョセフ・プリーストリーだ。1772年、プリーストリーは実験結果をまとめた「水に固定空気を溶け込ませる方法」という論文を科学研究誌に発表した。時を同じくして、スウェーデンの科学者トルビョルン・ベリマン博士も同じ手法を開発した。

こうした技術革新はすぐに商品にも取り入れられ、西欧の人々の水の選び方に大きく影響した。1788年には、炭酸水を製造する「ジュネーブ装置」なる器具が開発された。硫黄と炭酸水素ナトリウムの化学反応を利用して二酸化炭素を発生させ、加圧器から水に注入する仕組みだ。

1820年代になると、ドイツ人のドクター・フリードリヒ・アドルフ・アウグスト・シュトルーベがこの装置を改良し、ドレスデンにミネラルウォーター工場を建設して成功を収める。彼の人工ミネラルウォーターは、ドイツのヘッセン州ニーダーゼルタースで採取される発泡水を忠実に再現していたという。地元の人々はその水を「セルツァー」と呼んでいた。その後シュトルーベは炭酸水を安価に製造する技術も開発した。

ニーダーゼルタースの泉水の商品化は昔からの関心事だったが、炭酸水を意味する「セルツァー」という言葉は驚くほど現代的な名称で、使われ始めたのは１９５０年代からである。一般名称と思われがちだが、もとをただせば19世紀にニーダーゼルタースで発見された発泡水を人工的に再現した商品に由来する。１８１３年、化学の入門書を著したミセス・マーセットはセルツァー水についてこう記している。

自然に湧き出る水を分析してみると、ごく普通の水よりも二酸化炭素がはるかに多く含まれていることがわかった。つまり、水と二酸化炭素を混ぜることによってそっくりな水をつくることができるのだ。化学的な工程を経ると、自然のなせるわざが正確に再現される瞬間が訪れる。人工的なセルツァー水は、あらゆる点で自然の発泡水とまったく同じものなのだ。

レモネードの大量生産は19世紀に始まった。しかし、その数世紀も前からレモネードは飲まれていた。

19世紀を迎える頃には水の硬度を調べる方法が確立し、科学知識が商品づくりに反映された。味も香りもない水を敬遠しがちな消費者の興味を惹きつけ、水を特徴づけることが可能になった。

◉シュウェップスの成功

炭酸水を生産する企業もつぎつぎと誕生したが、最初に成功したのはジュネーブの時計技師にしてアマチュア科学者ヨハン・ヤコブ・シュヴェッペだ。彼の名前はシュウェップスという商品名になり、現在も広く浸透している。

彼が初めてシュウェップス社をジュネーブに設立した1783年当初、売り上げは芳しくなかった。しかし、会社をロンドンに移転して商品マーケティングを始めたところ、進化論で有名なチャールズ・ダーウィンの祖父エラズマス・ダーウィンがいたく気に入り、錚錚《そうそう》たる顔ぶれの知人たちに新しいタイプの刺激的な飲み物だと勧め始める。そのおかげか、炭酸水の人気はまたたく間に高まった。のちにイギリス王ウィリアム4世がお墨付きを与えると、シュウェップスの名声は揺るぎないものとなった。

禁酒運動もシュウェップスをはじめとする炭酸水の売り上げに貢献した。アルコール飲料を置かないパブがいくつもでき、炭酸水を販売したためだ。

炭酸水はソーダ水とも呼ばれていた。ソーダ水をボトルに詰める安価な方法が確立すると、製品の長距離輸送が可能になった。帝国主義で領土が拡大し、世界で見聞を広めようとする人々が増えた時代には朗報だったことだろう。１８４１年にインドとエジプトの旅行記を著したジョージ・パーベリーはこう記している。

ボトルウォーターは旅行者の必需品のひとつであり、間違いなく持参すべきものである。またその際、充分な数があるかどうかはもちろん、ボトルが事前にきれいに洗われ加熱消毒されていることも確認しなければならない。砂漠でもそこそこ我慢できる水が手に入る場所はあるにはあるが、非常にまれだ。その場合は浄化のために粉末のミョウバンが必要で、7ガロン（26・5リットル）に4分の1オンス（7グラム）のミョウバンが適量である。旅のあいだ、ソーダ水は非常にぜいたくな品になるだろう。

イギリスの政治家チャールズ・ウェントワース・ディルクは、ボトル入りのソーダ水をインドへ運んだことがあった。それを見たインドの住民はイギリスの川の水だと勘違いし、イギリスの川には泡立つ水が流れていると思い込んだ。ディルクがソーダ水は人工的につくられたものだと住民に教えると、すぐに誤解は解けたという。

◉技術革新

イギリスでは、水にガスを注入する際に危険な事故も起こっている。当時は発泡性を保ったまま店頭まで運ぶのが難しく、炭酸水製造者を深く悩ませた。発泡水は、非発泡性の水と同じように、ガラス瓶に詰めて売られることが多かった。しかし発泡性を保とうとする工夫が裏目に出て、問題が頻発した。日本ではラムネ瓶として使われるコッドネック・ボトルは、比較的近年までもっとも一般的な炭酸水用の容器だった。イギリスのソフトドリンク製造者ハイラム・コッドの発案で、その独特な形状が話題を呼び、世界中で炭酸水の人気を後押しした。

コッドは炭酸水のガス圧を保つために、ボトルの口にガラス玉を詰めた。しかしボトルは時々破裂し、レストランや店頭でガラスの破片が飛び散りけが人が出ることもあった。現在コッドネック・ボトルはコレクターズアイテムになり、数千ポンドで取引されているものもある。それほど現存するボトルの稀少価値が高いのは、子供たちがガラス玉を取り出そうと瓶を割ったためだ。

プラスチックボトルが商品化されたのはごく最近の１９４０年代だ。製造原価がかなり下がり、プラスチックボトル入り飲料水の大量生産が実現したのは１９６０年代である。プラスチックボトルの開発でボトルウォーターの販売はさらに拡大した。しかし、プラスチックボトル製品が浸透した結果、ビスフェノールＡ（ＢＰＡ）という有機化合物が及ぼす健康被害が懸念され始めた。ＢＰＡには発ガン性があると考えている医学者も多い。

発明家や起業家も、水の商品価値を高める新たな方法を編みだした。１８１３年、チャールズ・プリンスが初めてソーダサイフォンを発明して以来、発泡水は家庭でもつくられてきた。これを使うと適量の二酸化炭素を水に注入できて便利だが、二酸化炭素の容器が空になると最寄りの販売で詰め直す手間がかかった。

１８３２年、イギリス出身のアメリカ人発明家ジョン・マシューズが、ドラッグストアや町の小売店用に炭酸水製造装置を開発する。ソーダファウンテンだ。マシューズの装置は、硫酸と炭酸カルシウムを混ぜることによって内部で二酸化炭素を発生させ、それを水のタンクに誘導する仕組みである。数十年後、装置は世界の主要都市の小売店に広まった。しかし、コッドネック・ボトルのように、こうした装置はガス発生用の化学物質の混ざり方が不充分だと爆発する傾向があり、ソーダ水が汚染される心配もあった。

ソーダ水の評判はおおむね上々だったが、なかには不満を訴える者もいた。マーク・トウェ

二酸化炭素入りのソーダ水をつくるソーダサイフォン（左）は、セルツァーボトル、あるいはサイフォンセルツァーボトルとも呼ばれる。ソーダストリーム（右）は、ソーダサイフォン同様に、加圧シリンダーから二酸化炭素を水に加えてソーダ水をつくる。

ザハラコ・アイスクリーム・パーラー内のソーダファウンテン。インディアナ州コロンバス。

インもそのひとりだ。

ソーダ水を38本も飲み干した。人生でこれほど楽しい思いをしたことはなかった。しかし、みなさんはご存じだろうか。ソーダ水は一度に飲むべき代物ではないということを。朝起きると、わたしの腹はガスでふくらみ、まるで風船のようにぱんぱんだった。服も着られなかったので、仕方なく傘で体を隠した。


19世紀のロマン派詩人バイロンは、アルコール飲料に比較してソーダ水は味気ないことを皮肉っぽく言い表している。「ワインと女性を！ 歓喜と笑いを！ 説教とソーダ水はごめんこうむる」

それでも炭酸水の人気が衰えることはなかった。1862年、ニューヨークのイブニング・メール紙が市内で水の人気調査を行なった。それによると、およそ700人の市民がソーダ水の販売で生計を立て、真夏の盛りには1日に100〜3500杯を売っていたそうだ。アメリカでは、20世紀に家庭の水道水が安全に飲めるようになってからも、ソーダ水の人気が続いた。

◉さまざまなフレーバーウォーター

ボトルウォーターにまつわる技術はいくつも開発されたが、深刻な問題が残っていた。発泡水でさえ味気ないと考える消費者の存在だ。歴史を振り返ってみると、多くの人々が水に風味づけをしてこの障害を乗り越えようとしてきたことがよくわかる。もっと飲みやすく、もっと売れる水をつくるための工夫である。

たとえばウォルター・ハミルトンは、1827年に「炭酸ナトリウムまたは炭酸カリウム30粒と、クエン酸（レモンの酸）20粒を別々のグラスで水に溶かしてから混ぜ、泡立っている状態で飲むと、適度な塩気があり美味である」と記録した。これは基本的に初期のレモネードと言えるだろう。レモネードはおもに水でつくられる。

そもそも水に風味をつける試みは、医療行為から始まった。18世紀のアメリカの薬局では、治療効果を高めるために香草や植物をミネラルウォーターに加えていた。なかでも人気があったのは、タンポポ、ユリ科のサルサパリラという植物、カバノキの樹皮、果汁である。

フィラデルフィアの医師フィリップ・シン・フィジックは、1807年に初の香りつき炭酸ドリンクをつくったと言われている。「トニックウォーター」にも医学的意味がある。キナの樹皮の成分であるキニーネとレモンを加えたトニックウォーターは、化学者が考案した。

フィラデルフィア、フーフランド社の「セレブレイテッド・ジャーマン・トニック」の広告（1860年）

キニーネを入れるとかなり苦みが強くなるが、抗マラリア薬として効果があった。マラリアはいまだに多くの国が悩まされている病だ。トニックウォーターは基本的に抗マラリア薬として飲まれたが、現在はカクテル用ミキサーとして使われている。

ジンとトニックを混ぜた飲み物はイギリス領インドが発祥の地で、ジンがトニックウォーターの苦みをやわらげると考えられた。通常「インディアン・トニックウォーター」（インドのトニックウォーター）と呼ばれるのは、南アジアやアフリカの熱帯地方ではマラリアが風土病だったので、抗マラリア薬という本来の目的で飲まれていたためだ。

さまざまな風味をつけたフレーバーウォーターは医療目的から遠ざかり、ミネラルウォーターと同じようにすぐに商品化された。1890年代、フレーバーウォーターをベースにした飲料がソーダファウンテンで作られるようになるとアメリカ中で流行し、ロンドンやパリをはじめとするヨーロッパの主要都市にも伝わった。発泡水を作る技術を利用した炭酸入りのフルーツ飲料も好評を博した。

おそらくもっとも有名なフレーバーウォーターは、1903年にジャイルズ・ギルビーが設立したソーダストリーム社のものだろう。ソーダストリーム装置でつくられる「ソーダストリーム」は、初めは上流階級向けとして市場に登場したものの、その人気はすぐにあらゆる階級に浸透した。1920年代、ソーダストリーム社は炭酸水に加えてオレンジジュースやコーラにもフレーバーをつけた。

ソーダストリーム最大の特徴は、家庭でもつくることができた点だ。もう酒場や薬局でフレーバーウォーターを買う必要はなくなった。ソーダストリーム社の製品はプラスチックも缶も使っていないため、環境に安全な製品としてマーケティングされている。

20世紀、水をベースにしたソーダポップというノンアルコール飲料が西欧諸国で広まった。ソーダポップは水ベースの製品として市場で成功し、味がなくおもしろみに欠けるという水の欠点を克服する。1954年、アメリカのザ・ロータリアン誌の寄稿者はこう述べた。「ソーダポップを飲むとほんとうに喉の渇きがおさまる。ただの水でも同じだと言う人もいるかもしれない。しかし、水には魅力的な〝何か〟が欠けているのだ。アメリカ人の生活のいたるところで刺激を添える〝何か〟が」

19世紀に入り、徐々に水は安全な飲み物だと考えられるようになると、レモン等の果汁を入れたスカッシュ（別名コーディアル）も人気になった。もっとも古いスカッシュはルネサンス時代のイタリアでつくられたものだが、それはアルコールがベースだった。炭酸水をベースにした現代のスカッシュの原形は1867年に登場した。スコットランドの裕福な造船一家の末裔、ラチラン・ロスがアルコールを使わずに柑橘類の果汁を保存する方法で特許を得たのがきっかけだ。

当初は、ビタミンCの欠乏が原因で皮膚や歯肉から出血する壊血病にかかりやすい船乗りを助けることが目的だった。最初のライム果汁生産工場は1868年にスコットランドのリースに建造され、のちにシュウェップス社に買収される。スカッシュはイギリスやイギリス連邦国でとくに人気が高かった。現在これらの国々では「ライビーナ」というクロスグリの濃縮果汁飲料が広く飲まれている。ライム・スカッシュと同じように、ライビーナも第二次世界大戦中の水兵にビタミンCを補給するためにつくられた飲み物だった。オレンジの輸入がドイツの潜水艦Uボートに遮断され、ビタミン源が手に入りにくくなったことが原因だ。

◉氷産業

よく冷えた飲み物に氷を加えることも世界中の台所に新風を吹き込んだ。19世紀まで、氷の保管は悩ましい問題だった。古代ペルシアでは、砂漠の地下の広大なスペースに氷を保存していたらしい。ぶ厚い壁で囲い、砂漠の熱をさえぎる工夫を施したものだ。しかし、氷を飲み物に入れる――いわば食べ物の一種と考えるようになったのはごく最近のことである。

水にまつわる発明と同じように、現代のアイスキューブ（角氷《かくごおり》）も誕生のきっかけは医療行為だった。1840年代、アメリカの医師ジョン・ゴリーが黄熱病患者のために空気を冷やす冷却装置を作成し、初めてのアイスキューブをつくった。製氷皿を考案したのもゴリーだと言われている。診療記録によると、ゴリーは患者の飲み物にも氷を入れていたようだ。

その当時、氷の集め方や輸送方法、使用方法まで刷新しようとさまざまな試みがなされていた。冬の川で集めた氷を貯蔵する方法を考案して利益を得る実業家も多かった。

アメリカのビジネスマン、フレデリック・チューダーは、氷を大量販売すれば庶民も興味を持って使うはずだと考えた。しかし当初は誰もが半信半疑だった。チューダーは、水に氷を入れるとおいしくなると直感し、息苦しいほどの暑さで飲み物が生ぬるくなる南アメリカでは売れる商品になると踏む。そこでニューイングランドからカリブ海へ氷を船で運ぶ計画を立てた。苦労の末になんとか氷を集めたものの、ボストンの船主たちは一笑に付し、船を出すことを拒否した。発奮したチューダーは1806年に自ら船を買うことを決断する。彼はカリブ海のマルティニーク島まで氷を運び、氷は暑さを和らげるのに役に立つと力説したが、買おうとする者はひとりも現れなかった。

最初こそこのような苦労もあったが、氷で飲み物を冷やすことはやがて市民の暮らしに定着した。氷産業にはずみをつけ利益を生む仕組みをつくったのはチューダーだったと言えるだろう。それは20世紀になるまで多くの雇用を生み、注目を浴び続けた。

氷の積み込み作業。アメリカ、1910〜15年頃。

家庭の内外で氷の使い方や水の飲み方そのものをすっかり変えたチューダーの活動は、水の歴史にとっても重要だ。18世紀の社会では、氷を入れたさわやかな飲み物を楽しんでいたのは上流階級だけだった。氷は冬に採集され、夏のあいだ蓋付きの井戸で貯蔵されていたが、手斧とのこぎりで切り出す作業は重労働で、氷の値段も高かった。

●家庭で氷をつくる時代へ

19世紀になると、食糧の貯蔵用として氷が注目される。マサチューセッツ州ウェナム湖をはじめ、特定の産地の氷は流行の商品になり、とくにロンドンの上流社会で人気が高まった。チューダーはウェナム湖アイスカンパニーを設立し、上流階級のぜいたくなディナーパーティーに大量の氷を提供した。

また、ロンドン支店のショーウィンドーでは、目新しい宣伝を展開した。新聞の手前に大きな氷の塊を置き、通行人に氷越しに新聞を読んでもらおうという趣向だ。このマーケティングは効果的で、かなりの注目を集めた。大半のロンドン市民が氷塊を見たことがなかったためである。

20世紀初頭、冷凍技術の発達に伴い、氷は一般家庭で簡単につくれるようになる。しかし、

ワシントンDCのヒューリッチ氷工場（1919〜20年頃）

これが20世紀の氷産業の崩壊につながった。世界初の冷凍機を発明したのは、オーストラリアのジャーナリストにして政治家のジェームズ・ハリソンだ。一方ダラスの科学者にして発明家のタデウス・S・C・ローは、製氷機を発明した。下水や動物の糞による汚染の危険性がある川や湖の氷とは違い、人工的な氷は衛生的で安全だとしてかなりの評判を呼ぶ。

現代的な製氷技術の先駆者は、アメリカの製造業者フレッド・ウルフだろう。1914年、ウルフによる初のアメリカ製冷蔵庫は商業的には失敗したものの、製氷皿は他の製造業者の大きなヒントとなり、のちの冷凍庫に組み入れられた。

1920年代になると、ほとんどの電気冷蔵庫に製氷機がつくようになる。固いトレーから氷を取り出すことは難しかったが、家庭用品製造業のガイ・ティンカムが湾曲するトレーを開発し、簡単に氷が取り出せるようになった。さらに、レバーで取り外せる製氷機や、現在普及しているプラスチック製の製氷皿も登場した。現在は、ドアにビルトイン方式で自動製氷機が装備されている冷蔵庫も多い。

振り返ってみると19世紀と20世紀は、水を商品化して売り出すための新しい方法が次々と生まれた時代だった。衛生的な飲み水の確保という問題は（少なくとも西欧の国々にとっては）過去のものとなり、科学者や製造業者は水の人気を高めて販売するための新たな技術を確立していった。

フリーザーのダイヤルを下げて節電方法を教えるアメリカ緊急事態管理局の宣伝写真（1942年２月）

19世紀、一般市民は禁酒運動家の倫理観を押しつけられ、水を飲む習慣をつけるよう勧められる。しかし時がたつにつれて、病気の治療や健康管理よりも売り上げを第一の目的にボトルウォーターを販売する飲料メーカーの影響を受けるようになる。味も香りもない水に抵抗があった人々も、発泡水やフレーバーウォーター、スカッシュ等、それまで見たこともなかった水に魅了された。少し手を加えれば水は魅力的な商品になることがわかったのである。

とくに20世紀は、一般家庭に水道が普及し「自然の」水を求める傾向が強くなったため、ボトルウォーターには工夫が必要とされた。いまでは冷凍庫で簡単につくることができる氷が立派な「商品」となったのもこの時代で、飲み水を冷やすために使われ始めた。

第9章◉世界の水事情

水は世界でもっとも貴重なものと心得なければならない。もっとも価値がある天然資源、それが水なのだ。節水しよう！　水の無駄遣いはやめよう！　手遅れになる前に、まだ問題解決の時間はある。

——ミハイル・ゴルバチョフ

◉水が足りない

元ソヴィエト連邦大統領ミハイル・ゴルバチョフがこう警告したのは、世界規模で水不足に陥るという不吉な予測を受けてのことだ。地球は水に覆われているのだから、地球のどこかで水が不足するとはいくぶん突飛な考えにも思える。しかし20世紀の100年間で世界人口は3倍になり、地球の水資源の持続可能性が不安視されるようになった。

戦時下は節水に努めよ！
ニューヨーク市の水道・ガス・電気局のポスター（1941～43）

西欧社会では工業用や農業用はもちろん一般家庭でも大量の水が消費されるので、水不足の恐れはますます増している。水の使用量と水資源のあいだの不均衡から生じる水需要の逼迫を意味する「水ストレス」という言葉も生まれた。

20世紀になっても、西欧とそれ以外の国々では手に入る飲み水の領にはかなりの差があった。先に触れたように、西欧社会は歴史的に科学分野でも政治分野でも驚くべき発展を遂げ、市民に安全な飲み水を供給することを目指してきた。しかし進化した水確保の手法が開発途上国に伝えられることはなかったので、多くの国々がいまだに衛生的な水を確保できずに苦しんでいる。今日、先進国の政府が市民に節水を呼びかけて庭への散水を禁止などしたら、市民は怒り、困惑することだろう。水道からいくらでも流れてくる水が枯渇するはずはないと考えるからだ。

しかし、水資源の乏しい国では事情がまったく異なる。コロンビアのエコ集落［食糧もエネルギーも自給自足で生活する共同体］ガビオタスの創立者パオロ・ルガリは、「文明とは人間と水の終わりのない対話だ」と述べた。ルガリの言葉は洞察に満ちている。地球上のどの国が発達するかを決定づけたのは、飲み水を確保できるか否かだったと言えるのだ。

安全な飲み水を確保するためには、明らかに人間の手が必要だ。自然の水源は不純物で汚染され不衛生なことが多いので、技術的に手を加えて飲み水に変えなければならない。地球の表面は海や川、湖に覆われている。しかし地球の水の約97パーセントは、浄水処理をしなければ危険で飲むことができない。真水は地下水や雨水、地表水、湧き水から確保できるが、こうした水源を利用できる人はごくわずかしかいない。

飲み水は天然資源と考えられがちだが、実際は人間がつくる製品と考えたほうがよい。数世紀にもわたる技術革新にもかかわらず、海水を飲み水に変える方法はいまだ発見されていない。時々思い出したように研究が繰り返されるが、脱塩にかかる費用や厖大なエネルギー、そして海洋生物に及ぼす影響が原因で、海水の大規模な淡水化はいまのところ実現できていない。

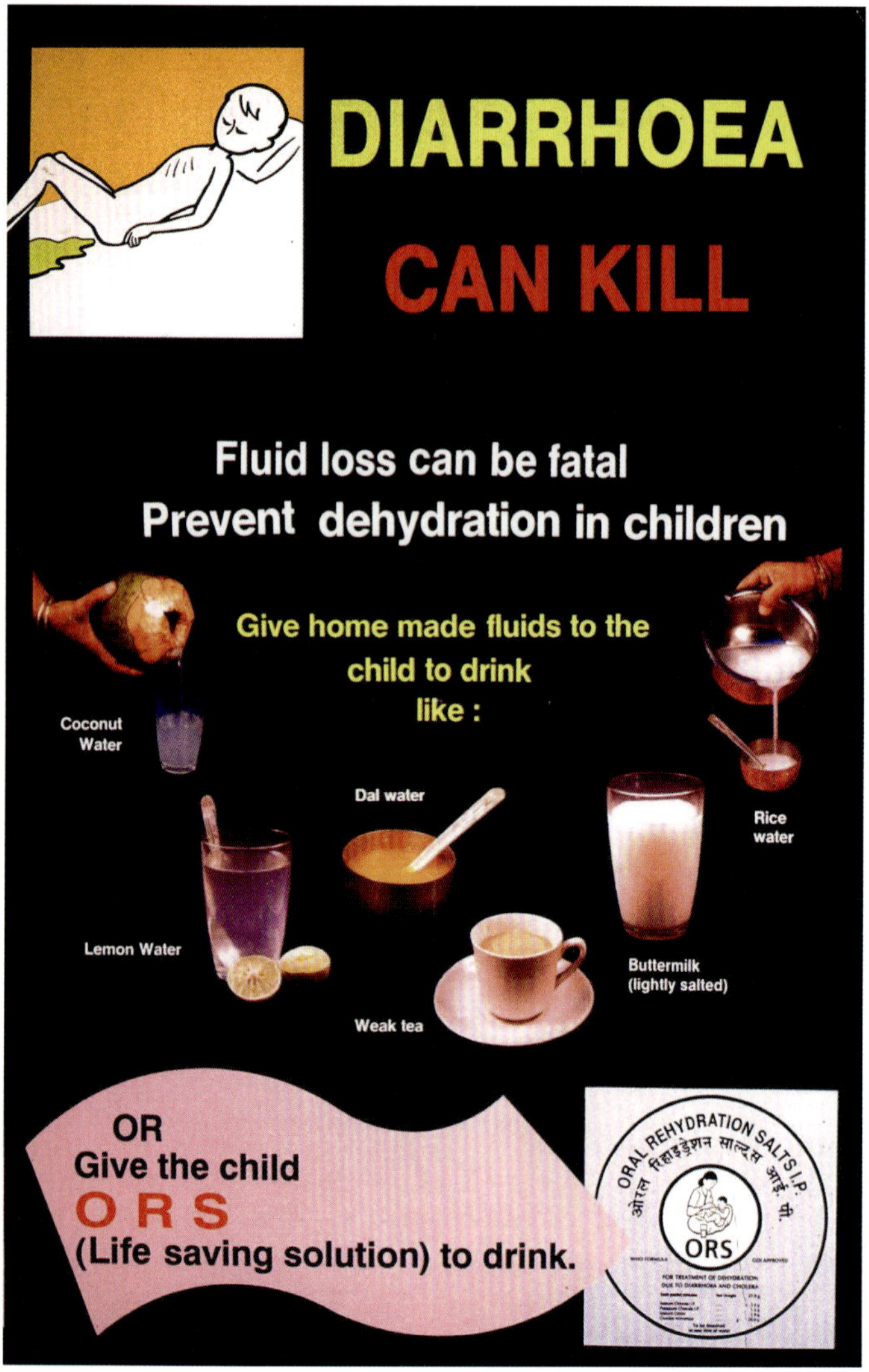

下痢は危険。脱水症状から死に致ることも。とくにこどもは要注意
インド情報放送省のポスター。ニューデリー、1993年。

20世紀初頭、吹きさらしの雪原につくられた汲みあげポンプ

◉安全な飲み水を国民すべてに

20世紀のあいだ、西欧諸国の政府は安全な飲み水を国民すべてに行き渡らせようと骨折ってきた。1909年、アメリカの地質学者にして人類学者のウィリアム・ジョン・マクギーはこう主張した。「水の供給に失敗した国はすでに衰退しはじめている。安全な飲み水が豊富な国は、力強くたくましい国民を育むだろう」。国や社会にとって、安全な水を獲得する能力があるか否かが文明化の指標であり、社会文化的、技術的発展の指針になったという指摘もある。

本書でここまで示してきたように、西欧諸国における水獲得の能力は比較的短い期間で実現した。アメリカ人作家ジェームズ・デビッド・コロサーズは、20世紀初頭に著した自伝で自らの青年時代をこう回想している。

当時のセントルイス市の水は、まるでかの有名なミズーリ川の泥水を汲んできたかのようだった。コップ1杯の水の中に、マスタードのような黄色い泥が片手一杯分は入っていた。女性たちが洗い物をするときは、一晩おいて泥を沈殿させてからでないと使えない。いかにも健康に悪そうな水だ。その大きな川の町の市民になることを、わたしは辞退した。大勢の人が住んでいるのだから大丈夫だろう、とは思わなかった。

20世紀後半、作家のエドマンド・J・ラブもまた、アメリカで安全な水を供給するはずの水道計画が直面した問題について興味深い話を書き残している。

当初の計画では、フラッシング地区の水道システムは川の水を使うことになっていた。サービス開始にあたり、浄水施設が汲みあげ施設の隣に建てられ、うまくいきそうに思えた。不運だったのは、最初の水道管が敷設されてからシステムが完成するまで10年以上かかり、そのあいだに水源となる川のわずか15〜16キロ上流にあるミシガン州フリント市が急速に発展したことだ。フリントの市会議員たちは市の成長をまったく予想せず、必要な設備もつくらなかった。彼らは増える一方の汚物や工業廃棄物を川へただ捨て続けたのだ。ようやくフラッシングが最初の水道水を水道管に走らせようとしたとき、川は絶望的に汚染されていた。

ついに連邦政府がヒューロン湖のサギノー湾の汚染を食い止めようと介入したが、すでにフラッシングは大きな損害を被り、莫大な予算が町の東側に新たな井戸を掘るために使われた。一方、水道管敷設から十数年が過ぎ、古い水は中に残ったままだったので、

教室がひとつだけの複式学級の校舎と、新たに設置された汲みあげポンプ。ノースダコタ、20世紀初頭。

町に水を供給する前に数カ月かけて水道管を洗浄する必要があった。そしてついにフラッシングに輝ける日が訪れた。町中の人々がよろこびのあまり蛇口から半時間以上も水を出しっぱなしにしたために、あっという間にシステムが破損し、町は1週間断水した。飲料水を家庭に届ける水道事業の失敗は、多くの人々の生活に長く影響し続けた。

当初は技術的な難しさがあったものの、西欧諸国では20世紀のあいだに家庭への給水が素早く広まり、いまでは水の確保は基本的人権とみなされている。この発展に伴い、家庭の水道水の水質もかなり改善された。

21世紀に入る頃には、政府や水道会社がミネラル含有率の低い「軟水」を水道水に使おうと模索する。ミネラル分が多い水は「硬水」と呼ばれ、健康には悪くないが、キッチンやバスルーム、トイレの故障につながることもある。1903年、水中のミネラルイオンをナトリウムイオンに置き換える硬水軟化装置が開発された。これで水中の危険なイオンが無害なイオンに変わり、鉛や水銀といった重金属も除去された。

同時期に、西欧の水道水はごくわずかな塩素ガスを使って消毒されるようになった。腸チフスや赤痢を起こす細菌を死滅させる効果的な方法だ。1930年代、パリ水道局は魚を使って塩素ガスの安全性を確認したと言われている。消毒した飲料水を水道管に流す前に水族館へ流し、水族館のマスが影響を受けなければ、水は安全というわけである。

水が豊富な地域から無数のパイプを通して乾燥した地帯へ水を運ぶ技術が開発されたのも20世紀だ。１９０3年に始まった西オーストラリアのゴールドフィールド・ウォーターサプライ計画は５３０キロにおよぶ水輸送計画で、開始当初は世界最大級の給水計画だった。

１９５０年代のアメリカでは、南部の乾燥地帯へカナダからパイプラインで水を運ぶことも可能だという見解が注目された。１９５０年に発行された雑誌には、つぎのような未来図が掲載されている。

いまから数年後、ロサンゼルスの主婦が蛇口をひねり、コップに冷たい水を汲み、ゆっくりと飲んで喉を潤したとしよう。その水はカナダの氷河から彼女の家に引かれているはずだ。なんと長い旅をしてきた水なのだろう。なにしろ１５００キロ以上を流れてきているのだ。河床を流れ、山脈を越え、トンネルを抜けて砂漠を過ぎ、彼女の渇きをいやす。これは飲料水を広大な南西部へ運ぶための最新のアイデアだ。

西オーストラリア、ゴールドフィールドの水のパイプライン

◉世界の水の課題

飲料水に関する政府の規制が増えたことも、20世紀の大きな特徴だろう。アメリカのいくつかの都市では第一次世界大戦中に水道水の水質基準を設定したが、連邦基準が適用されたのは1940年代だった。1970年代になると、さらに広範囲にわたる規制や基準が導入された。1972年の水質浄化法では、水源の汚染を防ぐために工場廃棄物を厳しく規制し、一方1974年の安全飲料水法では、飲料水の水質基準の具体的な数字を定め、監視を強化した。

このように水を取り巻く環境は改善されてきたが、西欧以外の国々では安全な水の確保がいまだに難しい状況だ。科学者の見積もりによると、最悪の場合、途上国では2030年に水の需要が供給を50パーセントも上回る可能性がある。近年、「ウォーター・オーアールジーWater.org」がまとめた報告では、8億8400万人が衛生的な水を手に入れることができていないという。およそ8人にひとりの計算だ。毎年約360万人が水が関係する病気で死亡し、下痢等で亡くなるこどもは毎年150万人にのぼる。

19世紀、西欧を旅行した人々は、現在のアフリカの状況にそっくりな一時しのぎの給水計画を目の当たりにした。これは西欧とそれ以外の地域では異なる水の文化が発達してきたことを示唆している。19世紀末にバグダッドを訪れたイギリス人作家で旅行家のジェームズ・シルク・バッキンガムは「チグリス川の水を入れたヤギ革の袋を動物の背に載せて、一軒一軒家々に運んでいる」光景を目撃した。同じように、アメリカの旅行家ジェローム・ヴァン・クラウニンシールド・スミスは『エジプトへの旅 *A Pilgrimage to Egypt*』に「ナイル川の船旅で最初に目についたのは、大勢の女性が水を運んでいる光景だ。大きくて重たそうな陶器の壺を頭の上に載せ、朝から晩まで運んでいる」と記している。

現代の人々が抱くアフリカのイメージは、まさに「壺を頭に載せて水を運ぶ人々」であろう。途上国は効果的な給水方法を開発することに失敗した。水の消毒や配管工事にかかる高コストも一因で、貧しい国々にとっては難問だった。その結果世界の人口の6分の1が数キロも離れた水源まで毎日水を汲みにいくことを強いられている。とくに貧しいアジアやアフリカの国では、水を運ぶことが女性と子供の日課になり、生活の向上を約束する教育や雇用の機会を奪っている。

比較的安全な飲み水が確保できる国でも、天災が原因で水不足に見舞われることがある。たとえば、2011年3月に大津波に襲われた日本では、福島第一原子力発電所からの放射性物質が通常は安全な水源に混入してしまった。近年は局所的な洪水が原因で、ノルウェーやアメリカといった洗練された給水システムがある国でも水道水から大腸菌が検出された。

アメリカの自然保護官バーナード・フランクはかつてこう述べた。「人類の成長の物語は、水との関わりの叙事詩として書くことができるだろう」。フランクの言葉は、西欧社会が近代化するにつれて安全できれいな飲み水の確保は、まさに核心的な課題であり続けてきたことを示している。

かつて水は、目に見えない何かが潜んでいる危険な飲み物として恐れられると同時に、飲むと気分が爽快になり健康に良いとして特別視されてもきた。水には非常に複雑な歴史が——庶民の説得の歴史と言ってもいい——ある。なぜ水を飲むべきかを説得し、興味を持たせる方法を見出す歴史だ。

現代社会には、健康に良い水の情報があふれている。そして、水は魅力的な「商品」となった。気体を注入した炭酸水が売り出され、ハーブや果汁を加えたフレーバーウォーターが水の特性を疑う人々さえも魅了した。ミネラルウォーターの市場が開拓されると、水道水の安全性に不安が残る地域に売り込まれた。

現在、蛇口をひねればいつでも新鮮な飲料水が出ることも、店でボトルウォーターが買えることも、西欧社会では当然のことと考えられている。シャワーを浴びたり風呂に入ったり、プールで泳いだりするときに、節水を意識することはない。それは、水が健康的で幸福な暮らしに欠かせないだけではなく、水の確保が個人の権利と考えられているからに他ならないのだ。

ミネラルウォーターのブランド

アクア・ミネラル・サルス（Aqua Mineral Salus ウルグアイ）
サルス社の製品。ロゴにはウルグアイのミネラル泉と、ピューマがデザインされている。地元の言い伝えによると、かつて泉はピューマが守っていたが、人間が現れたため、ピューマは泉の管理を人間に託したという。泉水を飲むとピューマの力と強さが手に入ると言われる。

アポリナリス（Apollinaris ドイツ）
ドイツの天然発泡水。現在はコカ・コーラ社の傘下。1852年に偶然発見された源泉は、ワインの守護聖人ラヴェンナの聖アポリナリスにちなんで名付けられた。アポリナリス水はジェローム・K・ジェローム、サー・アーサー・コナン・ドイル、ジェームズ・ジョイスの小説にも登場する。

アローヘッド（Arrowhead アメリカ）

アメリカ西部で人気のブランド。19世紀、デビッド・ノーブル・スミスが結核の療養所をアローヘッド・スプリングスに設立し、その湧水が一躍有名になった。アローヘッド水には治癒力があるとされ、のちにリゾート地としても人気を博した。アローヘッド・スプリングス社は１９０９年に創立された。

アンボ・ミネラル・ウォーター（Ambo Mineral Water エチオピア）

エチオピアのボトルウォーター市場で最大シェアを誇る。水源は熱鉱泉で、カルシウム、マグネシウム、カリウム、炭酸水素塩、二酸化炭素が豊富に含まれる。泉は太古の交易ルートが交わる地点に位置するが、アンボ・ミネラル・ウォーターが市場に出始めたのは１９３０年のことである。

エビアン（Evian フランス）

ぜいたくなボトルウォーターと称されるエビアンは、とくにハリウッドのセレブのあいだで人気が高い。エビアン・カンパニーは１８２９年に設立され、１９０８年におなじみのガラス瓶で販売が始まった。

ザジェチツカ・ホルカ（Zajecicka HOrka チェコ）

天然の硫苦水で、穏やかに排便を促す作用で有名になった。19世紀のあいだ、近辺エリアで採取された硫苦水は下剤用のエプソム塩製品ともども世界各地に輸出された。

サンペレグリノ（San Pellegrino イタリア）

イタリアの天然発泡水の高級ブランド。ロンバルディアのサンペレグリノ・テルメでネスレ社の製品としてボトリングされている。

シュタートリヒ・ファヒンゲン（Staatle. Fachingen ドイツ）

1740年に発見されたドイツの医療用ミネラルウォーター。炭酸水素塩が豊富に含まれているので、医師や患者が定期的に使って過度な胃酸を相殺した。シュタートリヒ・ファヒンゲンは現在も人々の胃の不調をいやしている。

ドナ Mg（Donat Mg スロベニア）

スロベニアのロガスカ・スラティナを水源とする天然ミネラルウォーター。泉は太古の時代、ケルト人やローマ人定住者が使っていた。話題になったのは17世紀後半で、ハプスブルク王家の医師パウル・デ・ソルバイトが水を宮廷に紹介し、ウィーンの医師のあいだで人気が出たことがきっかけだった。ドナMgの人気は現在も健在である。

ニューウォーター（NEwater シンガポール）

シンガポールの公益事業庁がつくるリサイクルウォーターブランド。廃水を浄化してつくられる。おもに工業用水として使われるが、飲むことも可能だ。

ハイランドスプリング（Highland Spring スコットランド）

１９７９年からボトリングが始まった。採水地はスコットランドのパースシャー、オコール・ヒルズで、スコットランドのハイランド地方ではない。２００８年、ハイランドスプリングはイギリスで発泡水のベストセラーになった。

バクストン（Buxton イギリス）

バクストンの天然ミネラルウォーターは、水温が年間通じて27・5℃と安定している泉から採取される。19世紀、バクストン・スパは人気の旅行先だった。１９８７年にペリエ社が買収し、水源地付近に新たなボトリング工場を建設した。それに伴い生産数も伸び、人気も急激に高まった。

バドワ（Badoit フランス）

フランス、サン=ガルミエを水源とするミネラルウォーター。天然の発泡水で1838年に商品化されボトリングが始まった。しかし1954年までは薬局でしか買えなかった。バドワは1971年にエビアン社のブランドになった。

ファリス（Farris ノルウェー）

ノルウェーでもっとも古く、もっとも飲まれているボトルウォーター。19世紀末、医師にして保養地療法のパイオニア、J・C・ホルムがミネラル豊富な泉を発見し、評判を呼んだ。すぐに温泉保養地が泉の周囲につくられ、1907年にボトリングが始まった。

フィジー（Fiji フィジー）

フィジー社は1996年に設立された。フィジーのヴィティレブ島、ヤガラ渓谷の地下水層が水源だが、本社はアメリカにある。

プルート・ウォーター（Pluto Water アメリカ）
強力な下剤として使われる天然水のブランド。20世紀初頭、アメリカで人気を博した。インディアナ州でボトリングされた製品は、「自然なお通じがないときは、プルートがお手伝い」というキャッチフレーズで広告された。水に含まれるナトリウムや硫酸マグネシウムが下剤の役割を果たした。

ペリエ（Perrier フランス）
フランスのガール県に湧く水。ペリエは自然の発泡水だが、ボトリングの工程で二酸化炭素を加え、ヴェルジェの泉水の味わいに近づけている。

ボルヴィック（Volvic フランス）
フランスのオーヴェルニュ国立公園内に水源を持つミネラルウォーターのブランド。泉の水は１９２２年に初めて採取された。ボルヴィックのボトルウォーターが市場に出たのは１９３８年である。20世紀に世界的名声を得た。１９９３年、ボルヴィック社はダノン・グループに買収された。ボルヴィック・ブランドのフルーツ飲料もある。

ボルジョミ（Borjomi ジョージア）

ボルジョミの源泉は、ロシア軍が１８２０年代に発見した。ボルジョミ水は19世紀に人気が広まり、ロシアはボルジョミを人気の観光地にしようと手を尽くした。商品化されボトリングが始まったのは１８９０年代だが、ロシアが１９１７年のロシア革命でジョージアを支配下に収めると同時にボルジョミは国営化され、ロシアを代表する輸出品になった。

モルヴァーン（Malvern イギリス）

16世紀以来ボトリングされた水が地元で消費されてきた。初めて大量生産体制で商品化したのはシュウェップス社で、１８５０年にモルヴァーン・ウェルスのホーリーウェルの地にボトリング工場を建設した。シュウェップス社は１８９０年にホーリーウェルから撤退したが、ボトリングは１９６０年代まで続いた。２００９年、国営宝くじ文化遺産助成金プログラムから資金提供を受けて工場が再建され、現在は1日１２００本生産している。採水地の井戸は世界最古のボトリング工場だったと考えられている。

リティア（Lithia アメリカ）

アメリカ先住民のチェロキー族とマスコギー族には言い伝えがあった。ジョージア州のリティア・スプリングの場所を子孫に伝えるために、太古の先祖が花崗岩に線画を描いたという伝説だ。泉の上にはほほえむカメの像が立っている。１８３８年までチェロキー族の保養地として使われていた。水が商品化されたのは、１８８０年代だった。

謝辞

最初に家族に感謝したい。ポーリーン、ケヴィン、サラ、ケイティ・ミラー、そしてミリアム・トレヴァー。とくに、ケヴィンは本書の写真について技術指導をしてくれた。リアクション・ブックスとシリーズ編集者にもお礼を述べたい。彼らの提案、情報、意見はいつも示唆に富み、助けになった。

いつも変わらず支えてくれるアイルランドのアルスター大学医療歴史センターの同僚たち、なかでもリアン・マコーミック、グレタ・ジョーンズ、アンドルー・スネドンには深い感謝を。

本書はわたしがアイルランド・リサーチ・カウンシルのポストドクター研究員の期間中に執筆した。おもしろい本を書くために必要な手段と時間を提供してくれたカウンシルとメンバーにお礼申し上げたい。

訳者あとがき

本書『水の歴史 *Water: A Global History*』は、イギリスの Reaktion Books が刊行している The Edible Series の一冊である。このシリーズは２０１０年、料理とワインに関する良書を選定するアンドレ・シモン賞の特別賞を受賞した。

Edible とは、「食べられる」という意味だ。「『食』の図書館」シリーズとして邦訳された作品のタイトルをながめてみると、「豚肉」や「牛肉」といった食材、「レモン」や「パイナップル」等の果物、それに料理に華を添える「ビール」や「ワイン」まで、日頃わたしたちの食卓にのぼる食べ物や飲み物がずらりと並んでいる。そこに「ただの水」が仲間入りするとは、意外に思われる方も多いかもしれない。

水は、一般的な飲み物とは一線を画する存在だ。純粋な水には味もなければ香りもない。魅力的なフレーバーの甘いジュースや、アルコール分の含まれるワインとは違い、これといった特徴もない。では、飲まなくてもいいかというと、そうはいかない。なにしろ水は、生物が生きていくためにはなくてはならないものなのだ。そう考えると、水がこのシリーズに選ばれたのもうなずける。いや、むしろシリーズ一作目になっていたとしても不思議ではない重要な飲み物と言えるだろう。

現在、上水道設備が整った先進国では、水は「手に入ることが当たり前」と思われがちだ。家庭では、栓をひねりさえすれば蛇口からきれいな水がほとばしる。水道水の味に不満があるなら、スーパーマーケットの棚に並ぶミネラルウォーターを買えばよい。健康維持のために適切な水分摂取が必要なことは広く知られ、水を飲むことは当然の権利とみなされている。飲用はもちろん、入浴や庭の手入れの際に使う水が万が一止められでもしたら、誰もが不満を口にするはずだ。

しかし、ほんの数世紀前の世界では、まったく事情が異なった。まず、安全な水の確保自体が難しかったため、加工処理されたアルコール飲料のほうが水よりも体に良いと考えられていた。腸チフスやコレラをはじめ、命にかかわる病原菌が水の中に発見されてからは、浄水方法の確立が課題になった。衛生的な水が体に良いことはなかなか人々に理解されず、「そもそも人間は水を飲むようにできているのか」という哲学的な問題まで持ち上がった。水を飲むことの重要性が世間に浸透し、安全な水が家庭に供給されるようになるまでは、水は必要不可欠な飲み物ではなく、数ある選択肢のひとつでしかなかったのである。

本書は、水がたどったそんな驚きの歴史だけではなく、水を取り巻く現状も教えてくれる。じつは現代でも、数世紀前の世界と同じ状況が続いている国々は数多い。野生動物もやってくる水源まで数時間も歩いて水汲みに行かなければならない地域もあれば、井戸水に大量のヒ素が混入していたために住民に健康被害が出た地域もある。地球の人口の増加や気象変動などを考えると、わたしたちの家庭の蛇口から十分な量の飲料水が出なくなる日が来るという想像は、あながち非現実的ではないのかもしれない。本書が示すこうした警告が、杞憂に終わることを願うばかりだ。

最後に、翻訳にあたって原書房の中村剛さん、オフィス・スズキの鈴木由紀子さんに多大な助言をいただいた。この場を借りてお礼申し上げます。

2016年6月

甲斐理恵子

写真ならびに図版への謝辞

図版の提供と掲載を許可してくれた関係者にお礼を申し上げる。

Claritas: p. 83; Evian: p. 107下 ; Freeimages: p. 120（ilco）; iStockphoto: pp. 6（Chepko）, 110（Aleksander Kurganov）; Johnnyjohnstein: p. 125左 ; Laci.d: p. 105; Library of Congress, Washington, DC: pp. 26, 46, 49, 60, 77, 80, 90, 126, 129, 134, 136, 138, 142; Sean Mack: p. 151; NASA: p. 14; National Library of Medicine, Bethesda: pp. 9, 12, 16, 17, 37, 42, 45, 51, 55, 62, 63, 69, 144, 145, 148; Pastaitaken: p. 28; Adrian Pinstone: p. 87; Rama: p. 39; Shutter stock: p. 107上（lev radin）; Sodastream: p. 125右 ; Vmenkov: p. 19.

参考文献

邦訳書籍の書誌情報は訳者が調査した。

Baker, Moses Nelson, *The Quest for Pure Water: A History of the Twentieth Century* (New York, 1949)

Blake, Nelson M., *Water for the Cities: A History of the Urban Water Supply Problem in the United States* (Syracuse, 1956)

Cech, Thomas V., *Principles of Water Resources: History, Development, Management and Policy* (New York, 2003)

Chapelle, Francis H., *Wellsprings: A Natural History of Bottled Water Springs* (New Brunswick, NJ, 2005)

Doria, Miguel F., 'Bottled Water versus Tap Water': Understanding Consumers' Preferences', *Journal of WaterHealth*, 42 (June 2006), pp. 271-276

Fagan, Brian, *Elixir: A Human History of Water* (London, 2011) [ブライアン・フェイガン『水と人類の1万年史』東郷えりか訳，河出書房新社，2012年]

Halliday, Stephen, *Water: A Turbulent History* (Stroud, 2004)

Hamlin, Christopher, *A Science of Impurity: Water Analysis in Nineteenth Century Britain* (Bristol, 1990)

Hempel, Sandra, *The Strange Case of the Broad Street Pump* (Berkeley, CA, 2007) [サンドラ・ヘンペル『医学探偵ジョン・スノウ——コレラとブロード・ストリートの井戸の謎』杉森裕樹，大神英一，山口勝正訳，日本評論社，2009年]

Outwater, Alice, *Water: A Natural History* (New York, 1996)

Salzman, James, *Thirst: A Short History of Drinking Water* (Durham, NC, 2006)

Seaburg, Carl, and Stanley Paterson, *The Ice King: Frederic Tudor and his Circle* (Boston, MA, 2003)

United States Environmental Protection Agency, 'The History of Drinking Water Treatment', February 2000 (EPA-816-F-00-006)

Weightman, Gavin, *The Frozen Water Trade: A True Story* (New York, 2003)

レシピ集

水は大昔から料理に使われてきた。沸騰させると安全なことは，病原菌の発見や，沸騰させていない水を飲むと病気にかかるという知識が広まるかなり前から知られていた。樹皮や葦でできた水の漏らない籠に代わって，防水仕様（陶器の壺等）の容器が発明されてからは，水の煮沸はさらに一般に広まった。スープは太古の時代からつくられていたことが知られているが，人気が高まったのは，お湯を注ぐだけで食べられる「持ち運べるスープ」（乾燥食品のはしり）が考案された18世紀のことである。

蒸気は伝統的な東洋料理で重要な役割を果たしてきた。考古学的な証拠により，中国では蒸し器が遅くとも3000年前から使われてきたことがわかっている。8世紀のせいろは薄く削いだイトスギでつくられていたが，のちに竹が使われ始めた。アフリカでは，粒状にした小麦粉を蒸して肉に添えるクスクスという料理が14世紀には存在した。蒸し料理は西欧でも1980年代に流行した。

圧力式料理にも長い歴史がある。1679年，フランス人医師ドニ・パパンが調理時間を短縮しようと圧力調理器を発明した。パパンの気密式調理器は，蒸気圧を利用して水の沸点を高める仕組みだ。世界初の家庭用圧力調理器はニューヨークのアルフレッド・ヴィシュラーが1938年に開発した。

伝統的なレシピ

◉クルミ水の抽出方法

ハナ・グラス『わかりやすくて簡単な調理法 *The Art of Cookery, made Plain and Easy*』（ロンドン，1758年）より。

1. 新鮮な青いクルミを9リットルほど用意する。
2. 大きなすり鉢で充分につぶす。
3. 2を鍋に入れ，つぶした香草ひとつかみ，フランス産ブランデー2.3リットルを加える。
4. ぴったりと蓋をして3日間置く。
5. 4を蒸留機に入れる。
6. 1日かけて蒸留すると，約3リットルのクルミ水ができあがる。

◉バター水（ドイツのエッグスープ）

ハナ・グラス『わかりやすくて簡単な調理法』（ロンドン，1758年）より。

1. 500ml の水を用意する。
2. 玉子の黄身1個を加えて攪拌する。
3. 2に小さめのクルミ大のバター，砂糖2～3つまみを加えて火にかけ，混

ぜ続ける。

4. 沸騰してきたら，鍋からピッチャーへ移し，また鍋へ移す。
5. 滑らかな泡がたつまで繰り返したら，できあがり。
6. 風邪をひいたときに最適だが，玉子が好きならいつでも飲める。

……………………………………………

◉大麦水

『家庭料理400選 *Four Hundred Household Recipes*』（ブリストル，1868年）より。

1. 丸麦30*g*，白砂糖15*g*，レモンの皮1個分を深めの容器に入れる。
2. 1リットル強の熱湯を注いで8〜10時間置く。
3. ざるで漉し，お好みでレモンスライスを加える。
4. 非常に美味で栄養価も高く，一般的な丸麦の煮汁が苦手な人でもおいしく飲める。レモネード，ワインを割るニーガス酒，パンチのベースにも使える。大麦水1リットルにグラス1杯のラム酒の割合で加えるのもお勧め。

……………………………………………

◉ラズベリー水

ジョン・S・スキナー『アメリカの農民 *The American Farmer*』（1829年）より。

1. よく熟したラズベリーを適量用意する。お好みでイチゴやサクランボでもよい。
2. 麻布で包んでつぶし，果汁をしぼる。
3. 果汁をガラス瓶に入れ，蓋をしないで日当たりのいい場所かストーブの上に置き，おりが沈殿するのを待つ。
4. おりが混ざらないように別の容器に静かに移す。
5. 4の果汁250*ml*に水1リットル，砂糖適量を加える。
6. 別の容器に漉して移し，氷を入れて冷やす。

……………………………………………

◉レモネード

ジョン・S・スキナー『アメリカの農民』（1829年）より。

1. 棒砂糖（円錐形に固めた砂糖）500*g*を水2リットルに入れて溶かす。
2. 1に大きめのレモン5個分の果汁を搾り入れる。
3. 黄色のエッセンシャルオイルを12滴加える。
4. レモンスライスを加え，冷やしていただく。

……………………………………………

◉リンゴ水

『家庭料理400選』（ブリストル，1868年）より。リンゴ水は非常に風味の良い飲み物である。

1. 大きめのリンゴ2個をスライスし（焼きリンゴでも可），熱湯1リットルを注ぐ。
2. 2〜3時間置いてから漉し，砂糖少々

を加える。

[別の作り方]

1. 大きめの酸味のある品種のリンゴ4個の皮をむき，4等分する。
2. 水1リットルに，1とレモンの皮半個分，よく洗ったアカスグリの実ひとすくいを加える。
3. 1時間煮てから漉し，砂糖を加える。
4. そのまま置いて冷ます。
5. 飲む直前にワインを少量加える。

…………………………………………

◉瓶入りソーダ水

サラ・アニー・フロスト『ゴーディーズ婦人雑誌 *Gody's Lady's Book*』（ペンシルベニア州フィラデルフィア，1870年）より。

1. 炭酸ナトリウム30*g*を水4.5リットルに溶かす。
2. 瓶に500*ml*（コップ1杯くらい）ずつ入れる。
3. コルク栓の用意をしてから，酒石酸をひと瓶に1.5*ml*ずつ入れる。
4. 素早くコルク栓をして針金で固定すればできあがり。いつでも飲める。

現代のレシピ

◉フルーツウォーター

1. 水の入ったピッチャーにミントをひとすくい入れる。
2. レモン果汁1個分を搾り入れる。
3. キュウリのスライス数枚を浮かべていただく。

…………………………………………

◉フルーツウォーター２

1. リンゴ，レモン，オレンジ，洋ナシ，イチゴ等，お好みの果物のスライスを大きめのガラスのピッチャーに入れる。
2. 冷たい水を注ぐ。
3. 冷蔵庫で2時間冷やし，氷を浮かべていただく。

…………………………………………

◉キュウリ・ローズマリーウォーター

1. キュウリのスライス10枚を用意する。
2. ピッチャーに1とフレッシュローズマリー1枝を入れる。
3. 2に氷をいっぱいに入れて水を注ぐ。
4. 冷蔵庫で最低1日置いてからいただく。

…………………………………………

◉オレンジ・グリーンウォーター

1. 中くらいのオレンジ1個をスライスする。
2. 青リンゴのスライス3枚にレモン果汁をふりかける。
3. 1と2を大きめのピッチャーに入れ，レモン半個分の果汁を加える。
4. 3に氷をいっぱいに入れて水を注ぐ。

5. 冷蔵庫で最低1日置いてからいただく。

……………………………………………

◉ハーブウォーター

1. レモンスライス4枚とキュウリスライス12枚をピッチャーに入れ，水を注ぐ。
2. ミント4枝とローズマリー 4枝を加える。
3. 蓋をして8時間冷やし，氷を浮かべていただく。

……………………………………………

◉キュウリ・メロンウォーター

1. キュウリスライス10枚とメロンスライス2枚をピッチャーに入れ，水を加える。
2. 冷蔵庫で2時間冷やし，氷を浮かべる。
3. 丸くくりぬいたメロンをピンに刺して飾る。

……………………………………………

◉ハーブ・ベリーウォーター

1. ブルーベリー 1カップを大きめのピッチャーに入れ，水を注ぐ。
2. フレッシュローズマリー 3枝を入れる。
3. 冷蔵庫で2～4時間冷やし，氷を浮かべていただく。

……………………………………………

◉オレンジ・ミントウォーター

1. オレンジスライス3枚とミントの葉5枚を水の入ったピッチャーに入れる。
2. 冷蔵庫で2時間冷やす。
3. 氷を浮かべ，オレンジスライスとミントを飾る。

……………………………………………

◉トニックウォーター

1. 水350*ml*を沸かす。
2. 1にキナノキの樹皮40*g*を加える。
3. 蓋をして20分置く。
4. あら熱が取れたら，目の細かい茶漉しで漉してプラスチック容器に移す。
5. グラニュー糖220*g*とクエン酸6.5*g*（小さじ ½）を加える。
6. 砂糖が溶けたら，冷蔵庫で保管する。
7. 水で稀釈していただく。

……………………………………………

◉ルバーブウォーター

1. ルバーブ4.4*kg*をボウルに入れ，熱湯1リットルを注ぐ。
2. 蓋をして一晩室温に置く。
3. ざるで漉し，鍋に移してルバーブを捨てる。
4. 砂糖1カップ弱と，レモン半個分の果汁を加える。
5. 5分間煮立たせる。
6. 冷ましてから漉して瓶に入れ，コルク栓をする。

7. 冷蔵庫で最低2時間冷やし，氷を浮かべていただく。

……………………………………………

◉ハラペーニョウォーター

1. ハラペーニョ 2本をピッチャーの水に入れる。
2. 冷蔵庫で1時間冷やし，氷を入れていただく。

……………………………………………

◉タマリンドウォーター

1. タマリンドの実8本のさやをむく。
2. 中の実を細かく割って鍋に入れる。
3. 水3 ¾ カップを加え，沸騰させる。
4. 蓋をして10分間置き，あら熱が取れたら冷蔵庫でひと晩冷やす。
5. 4を漉して，タマリンドの実を捨てる。
6. 砂糖 ½ カップ弱を加えて溶かし，氷を入れる。

イアン・ミラー（Ian Miller）
アルスター大学医療歴史センター，ウェルカム・トラスト主任研究官。著書に『胃の現代史 *Modern History of the Stomach*』，飢饉後のアイルランドの食糧事情の変化を医療，科学，文化，政治，社会の側面から検証した『飢饉後のアイルランドの食糧改革 *Reforming Food in Post-Famine Ireland*』がある。

甲斐理恵子（かい・りえこ）
翻訳者。北海道大学卒業。おもな訳書にエリカ・ジャニク『「食」の図書館　リンゴの歴史』，トム・アンブローズ『50の名車とアイテムで知る図説　自転車の歴史』（以上，原書房）などがある。

「食《しょく》」の図書館《としょかん》

水《みず》の歴史《れきし》

●

2016年6月27日　第1刷

著者……………イアン・ミラー
訳者……………甲斐理恵子《かいりえこ》
装幀……………佐々木正見
発行者……………成瀬雅人
発行所……………株式会社原書房

〒160-0022 東京都新宿区新宿1-25-13
電話・代表03(3354)0685
振替・00150-6-151594
http://www.harashobo.co.jp

印刷……………新灯印刷株式会社
製本……………東京美術紙工協業組合

ISBN 978-4-562-05323-0, Printed in Japan

鮭の歴史　《「食」の図書館》
ニコラース・ミンク／大間知知子訳
人間がいかに鮭を獲り、食べ、保存（塩漬け、燻製、缶詰ほか）してきたかを描く、鮭の食文化史。アイヌを含む日本の事例も詳しく記述。意外に短い生鮭の歴史、遺伝子組み換え鮭など最新の動向もつたえる。　2000円

レモンの歴史　《「食」の図書館》
トビー・ゾンネマン／高尾菜つこ訳
しぼって、切って、漬けておいしく、油としても使えるレモンの歴史。信仰や儀式との関係、メディチ家の重要な役割、重病の特効薬など、アラブ人が世界に伝えた果物には驚きのエピソードがいっぱい！　2000円

牛肉の歴史　《「食」の図書館》
ローナ・ピアッティ＝ファーネル／富永佐知子訳
人間が大昔から利用し、食べ、尊敬してきた牛。世界の牛肉利用の歴史、調理法、牛肉と文化の関係等、多角的に描く。成育における問題等にもふれ、「生き物を食べること」の意味を考える。　2000円

ハーブの歴史　《「食」の図書館》
ゲイリー・アレン／竹田円訳
ハーブとは一体なんだろう？　スパイスとの関係は？　それとも毒？　答えの数だけある人間とハーブの物語の数々を紹介。人間の食と医、民族の移動、戦争…ハーブには驚きのエピソードがいっぱい。　2000円

コメの歴史　《「食」の図書館》
レニー・マートン／龍和子訳
アジアと西アフリカで生まれたコメは、いかに世界中へ広がっていったのか。伝播と食べ方の歴史、日本の寿司や酒をはじめとする各地の料理、コメと芸術、コメと祭礼など、コメのすべてをグローバルに描く。　2000円

（価格は税別）